林业规划设计

王林梅　路雪芳　编著

吉林科学技术出版社

图书在版编目（CIP）数据

林业规划设计 / 王林梅，路雪芳编著． -- 长春：
吉林科学技术出版社，2019.5
ISBN 978-7-5578-5490-4

Ⅰ．①林… Ⅱ．①王… ②路… Ⅲ．①林业－规划②
林业－设计 Ⅳ．① S7

中国版本图书馆 CIP 数据核字（2019）第 106173 号

林业规划设计

编　　著	王林梅　　路雪芳	
出 版 人	李　梁	
责任编辑	端金香	
封面设计	刘　华	
制　　版	王　朋	
开　　本	185mm×260mm	
字　　数	210 千字	
印　　张	9.5	
版　　次	2019 年 5 月第 1 版	
印　　次	2019 年 5 月第 1 次印刷	
出　　版	吉林科学技术出版社	
发　　行	吉林科学技术出版社	
地　　址	长春市福祉大路 5788 号出版集团 A 座	
邮　　编	130118	

发行部电话 / 传真　0431—81629529　　81629530　　81629531
　　　　　　　　　　　81629532　　81629533　　81629534

储运部电话　0431—86059116

编辑部电话　0431—81629517

网　　址　www.jlstp.net

印　　刷　北京宝莲鸿图科技有限公司

书　　号　ISBN 978-7-5578-5490-4

定　　价　56.00 元

编委会

编　著

王林梅　甘肃省小陇山林业调查规划院

路雪芳　山东省淄博市临淄区林业局

副主编

舒欣婷　中国热带农业科学院 / 海南省质量协会

李　博　洛阳万安山园林有限公司

王笃福　泰安东平旧县林业站

霍秋宇　开封市森林病虫害防治检疫站

编委

相培应　甘肃省张掖市寺大隆林场

前　言

　　我国的产业体系中，林业是一个不可或缺的重要部分。我国在进入全新的发展阶段以来，经济与科技水平不断提升造就了社会很大一批产业的进步；同时林业的发展建设也获得很大程度的进步。林业发展的第一步就是要搞好林业调查规划设计工作，其主要任务是针对种植区域的树种生存环境进行广泛调研，尤其是科学、合理、有效地规划设计工作，这不仅是一项简单的基础工作，还是一项对林业管理资源的总体方向具有重要影响的工作。从现阶段来看，我国的林业规划设计还存在一定的问题，由于工作能力以及水平的因素，从而对林业产业的发展起到了一定的限制作用。本书结合我们以往的工作经验，系统归纳与总结了林业规划设计涉及的理论知识，希望能给相关的从业人员提供一定的帮助。

目录

第一章　林业规划设计基础

第一节　林业规划设计的概念及意义

林业规划设计是国民经济和社会发展规划的重要组成部分。什么是林业规划设计呢？我们首先应该明确什么是规划。

一、规划

一般来说，规划就是谋划、策划、筹划，是人们对事物发展的一种设想、打算、部署和安排。本书所论规划是指比较宏观的、全面的、长远的，具有战略性的纲领性计划。它包含人们依据客观事实、实际情况、资料，在一定理论和方针政策的指导下，根据社会经济发展的要求，所进行的思考、运筹；也包含依据这些思考、运筹所做的工作；还包含作为这些工作的结果所形成的方案文件。可见，规划的概念具有经济性、目的性、宏观性、全面性、长远性、战略性、纲领性和统一性。

1. 经济性

经济性，即本书所论的规划，是随着人类社会经济的发展而建立起来的概念，是经济科学概念，属于社会科学的范畴。它是人们在社会经济生活中，为了有效地把握经济等客观规律，指导自己有目的、有目标、有序地进行各种经济活动，对未来经济和社会发展前景所做的设想、打算、部署和安排，如国民经济和社会发展规划、农业发展规划、林业发展规划等。它与数学规划的规划概念是不同的，数学规划是应用数学运筹学的一个分支，是一种数学方法，如线性规划、目标规划、对偶规划等，其规划的概念是数理科学概念，属于自然科学范畴。

2. 目的性

即任何规划都是为达到一定的目的而进行的。例如，为使国民经济持续、稳定、协调、快速发展，实现党中央提出的国民经济发展分三步走的各阶段战略目标，分别编制国民经济和社会发展的 10 年规划、20 年规划及至 21 世纪中叶的远景规划；为推进植树造林运动，尽快实现"绿化祖国"的宏伟目标，编制《1989—2000 年全国造林绿化规划纲要》，目的都是非常明确的。没有明确的目的，无法进行规划；没有目的，根本没有必要做规划，从这个意义上说，无目的的规划是不存在的。

3．宏观性

宏观性，即一般说规划是一种宏观性计划，是从大的角度对规模较大的社会经济活动的发展进行的设想、打算、部署和安排，如国民经济发展规划、全国林业发展规划等。宏观性是相对的，整个国民经济和社会发展规划当然明显具有宏观性，但就某一部门、某一行业、某一地区、甚至某一企业而言，也可以做发展规划，相对于它自身的微观的、局部的。具体来说，规划仍然具有宏观性，如林业企业发展规划，相对于它的林场、车间、某一产业战线等发展计划，仍具有宏观的性质。

4．全面性

全面性，即规划所包括的内容和空间范围是比较全面的，是一种综合性计划。国家国民经济和社会发展规划，就其规划的内容包括国民经济的各个部门、行业、产业，全社会的经济、政治、文化等各个方面；就其规划的空间范围而言，它涵盖了全国的所有地域。全国林业发展规划，包括全国的全民植树造林绿化、部门造林、防护林工程、木材生产、林产工业、林区多种经营、森林保护等林业的所有各个方面的综合发展；地区林业发展规划、林业企业发展规划，同样也包括整个地区林业、整个企业所有方面的综合发展内容。

5．长远性

长远性，即规划时期比较长，一般都在5年以上，规划属于远景计划性质，它是对经济、社会活动的长远发展做出的设想、打算、部署和安排，如国民经济及社会发展、农业发展、林业发展、工业发展等的10年规划、15年规划、20年或50年规划等，5年或5年以下时期的计划，一般都不称为规划。

6．战略性

战略性，即规划的对象和内容都是事关全局的、重大的、有决定性意义的事物，规划的进行是建立在对未来科学预测的基础上，规划本身能起到长远的战略指导作用。比如，我国林业要做从未来10年乃至21世纪中叶的发展规划，提出要为实现我国现代化建设战略目标，初步建立起社会主义市场经济体制，为21世纪初经济和社会的持续发展奠定坚实基础，林业建设到未来5年要再上一个大台阶；到21世纪中叶，要建立起比较完备的林业生态体系和比较发达的林业产业体系的总体战略目标。就要抓住围绕提高效益这个中心，重点搞好城市、城镇绿化美化工作和山区林业综合开发、沙区综合治理开发，全面提高林业的综合生产力和林区职工、林农群众的生活水平；在抓好原有"三北"防护林建设工程等六大生态工程的同时，再上马珠江流域、淮河太湖流域、辽河流域和黄河中游综合治理防护林体系建设工程；兴办林业大产业等重大、关键问题，进行科学的战略构想、运筹和安排。

7．纲领性

纲领性，即规划主要是根据党和国家提出的较长时期的战略任务，规定未来的战略奋斗目标和战略行动步骤，具有深远的指导意义和带动作用。从这个意义上说，抓规划就是抓纲领，有了好的规划才有可能制订出好的具体行动计划，纲举才能目张；同时，既然规划主要是抓全局、抓大事、抓长远、抓战略，一句话就是抓纲领，那么规划就不可能十分具体、零碎、细致、精确，规划就自然带有轮廓性、概要性和原则性，如上例就可以清楚地表明这一点。

8．统一性

统一性，即规划具有理论与实践的统一性、主观与客观的统一性、长远与当前的统一性、全局与局部的统一性、经济效益与社会效益的统一性。任何一个好的规划都是人们在正确的理论和方针政策的指导下，从实际出发，运用科学的方法和手段做出的，并且能正确地指导人们的行动去有效地发展经济和推动社会进步。只凭客观实践经验的规划是盲目的规划，只靠理论推理、方针政策规定和主观臆想的规划是空洞的规划，任何一个好的规划，都是长远、先进且当前可操作的，全局合理且与各局部是协调的，经济与社会效益是一致的，综合效益是最佳的。任何违背统一性的规划，都不是科学的规划或根本不能称其为规划。，

由上所述也可看出规划与计划的联系和区别：一般来说，计划就是打算和安排，是人们在进行某项工作和行动以前预先拟定的方案，包括具体的内容和步骤等，如国民经济发展5年计划、企业年度计划等。从本质上说，计划也是对事物发展的谋划，规划与计划是一致的。它们都是具有经济性、统一性、有目的的运筹活动。其不同处在于：广义上，计划的概念涵盖规划，规划也是一种计划。只不过是比较宏观的、全面的、长远的、战略性的纲领性计划，从某种意义上说，长期（长远）计划就是规划。狭义上讲，计划多指中、短期的打算、安排，如5年、年度、季度、月份，甚至旬、周、日计划，计划比较具体、详细，有确定的指标体系和程序，具有鲜明的实际执行的直接可操作性。此外，相对而言，计划的宏观性较弱，战术性较强；全面综合性较弱，局部具体性较强；战略性较弱，战术性较强；纲领性较弱，纲领的执行落实性较强；原则指导性较弱，行动约束性较强。总之，总体上看，规划统领计划、指导计划，计划是规划的具体化。

规划多种多样，按照不同的标志，可以有多种不同的分类。其主要分类有：按规划内容的性质划分可分为经济发展规划和社会发展规划，按规划内容的范围划分可分为全面整体规划（如全国国民经济和社会发展规划）和局部具体规划（如行业部门、专业、专项规划），按规划的空间范围划分可分为全国性规划和区域性规划[如省（区）、市、县、乡（村）、经济区规划]；按规划的时间长短划分可分为长远（远景）规划（如20年、50年规划）和近期规划（如10年、15年规划）。此外，根据需要还可以按照其他标志做各种不同的分类。例如，按照规划的目的或作用、规划体系、规划对象、规划主持单位、规划的形式等划分。诸规划之间是相互联系、相互影响、相互制约、相互依存的，共同构成有机的规划系统，整体地发挥着规划的功能。

二、林业规划设计

林业规划设计是加速林业建设的适应整个国民经济和社会发展的需要，根据党和国家

各个时期路线、方针、政策和社会经济发展的要求，在建设有中国特色社会主义理论和经济学理论的指导下，按照林业规律和经济规律，从林业建设的实际出发，在科学地分析和预测的基础上，对林业区划、林业生产力布局、森林资源及其他林业生产要素的配置、林业各项生产事业和林区经济和社会发展所进行的比较宏观的、全面的、长远的、战略性的设想、打算、部署和安排。它是林业的行业性规划，属于一种专业规划。

林业是国民经济的重要组成部分，林业部门是社会的重要物质生产部门。但林业与社会其他产业部门相比又具有明显的特殊性。林业是依赖森林资源而存在与发展的，森林资源是以林木资源为主体的综合性自然资源体。其主体是可再生的，生长周期是漫长的，再生产过程中自然力起着支柱作用，是与广袤、边远、不可移动的有限林地资源紧紧联系在一起的，构成森林资源的各物种是多样性的，这就使得林业具有了生产的长周期性、广袤性、艰巨性，自然再生产与经济再生产的交织性、经营的综合性和多效性的鲜明特征。林业既是国民经济的物质产业，又是社会公益事业，它既为社会生产重要的木（竹）材及其他林产品等物质产品，同时又为社会提供着巨大的公益效益，为人们的生产与生活提供着良好的环境。因此，它肩负着建设发达的林业产业体系和完备的林业生态体系的双重任务；林业又兼有经济效益、生态效益和社会效益，它既通过物质产品的生产为社会提供经济效益，又通过生态建设为社会提供建立稳定、高效生态系统的生态效益，同时通过自身的发展为社会提供增加就业、活跃林区经济、增强国防、美化净化改善环境、保障农牧业发展等社会效益；林业既关系全社会的利益，也就需要全社会来办，要搞全民植树造林绿化运动，除林业部门一马当先外，还要让其他部门造林，国家要兴办跨地区、跨部门、跨行业的大型综合治理防护林体系建设工程；以林为主的林区，既是林业发展的基地，又是地方经济发展的模块，林区经济和社会的综合发展也是林业建设的重要内容。林业的这些特点，决定了林业规划设计与其他规划相比具有鲜明的如下特征：

1. 资源基础型特征

如前所述，森林资源是林业的基础，林业规划设计则把森林资源的发展置于基础地位，体现在规划的方方面面。第一，任何林业规划设计都十分注重森林资源的增长。我国是少林国家，森林覆盖率仅为 13.92%，远低于世界各国的平均水平，与我国"四化"建设很不适应，只有迅速增加资源，才能为林业产业和林业公益事业的发展奠定坚实的物质基础。第二，任何林业规划设计都十分注重森林资源的合理结构，合理规划林种、树种、林龄结构。这不仅是林业持续、协调发展的需要，也是实现森林资源良性循环和永续利用的前提。第三，任何林业规划设计都十分注重森林资源的合理分布，森林资源的合理分布是林业生产力合理布局的基础。第四，任何林业规划设计都十分注重森林资源的合理开发利用、限额采伐利用、规划合理的森林资源的投向和配置，提高森林资源的利用率。这不仅是缓解森林资源短缺的压力和提高效益的重要途径，而且是现代林业持续发展的要求。第五，任何林业规划设计都十分注重森林资源的保护和科学的经营管理。保护好现有森林资源，防止火灾、病虫害、乱砍滥伐的破坏，是合理开发利用、经营和发展森林资源的基本条件，科学地经营管理森林资源是建立适应社会主义市场经济体制要求的现代林业的需要；第六，任何林业规划设计都十分注重林地资源的合理利用。林地是森林资源的基础资源，有限林地的充分合理利用，最大限度地提高林地利用率和林地生产力，防止林业用地流失和有林地逆转是发展森林资源乃至林业的根本。

2. 社会系统型特征

由于林业的社会性，决定了林业规划设计具有明显的社会系统性特征。一是林业既然是全社会受益，由全社会来办，林业规划设计就不但是部门林业规划设计，而且是社会林业规划设计，把林业作为一个社会性系统统筹规划，从全社会角度统一运筹全民植树造林绿化、部门造林、工程造林、防护林体系建设；城市林业、乡村林业、平原林业、山区林业、沿海林业、边疆林业，林业区划与布局，林业产业与林业公益事业等；二是森林资源经济系统、林业地理经济系统、森林生态经济系统、林业产业经济系统都是社会性系统，林业规划设计都是以社会系统的观点去进行全国林业发展规划、地方林业发展规划、综合林业发展规划、专项林业发展规划、林业部门发展规划、林业区域发展规划、林业企业发展规划等各种林业规划设计的编制。

3. 综合协调型特征

林业是一个由多个差别很大的子系统组成的（每个子系统又是由许多甚至差别很大的要素组成的），十分复杂的大系统，各子系统（及各系统要素）之间都是相互影响、相互作用、相互制约、相互依存的，林业规划设计需花费相当大的力量于这些关系的协调上，以求取综合最佳结果。一是协调林业产业与林业公益事业的关系；二是协调林业产业内各产业（营林、木材竹材生产、林产工业、各项多种经营业，第一、二、三产业等）之间以及各产业间和各产品间的关系；三是协调林业公益事业内各项目（自然保护区建设、森林公园建设、防护林体系工程建设、造林治沙工程建设、城市园林建设、人地绿化等）之间的关系；四是协调多种资源（林木资源、林地资源、水资源、野生动物资源、野生植物资源、野生微生物资源、气候资源、环境资源、林区地下矿产资源，林业自然资源和林业社会资源等）之间综合开发利用的关系；五是协调林业生产中人力与自然力的关系；六是协调林、农、牧业之间的关系；七是协调经济、生态、社会三大效益之间的关系；八是协调各区之间林业发展的关系；九是协调林业企业总体设计中的各种关系；十是调控森林资源的时间、空间、成熟、结构、生产单向、效用交叉等多元弹性等。总体上，进行上述诸方面关系的综合协调。可见，林业规划设计呈鲜明的综合协调型特征。

4. 长远优化型特征

诸多林业生产长周期性的特点，使林业规划设计十分重视进行长时期优化，甚至追逐下代、下几代的最佳效益，尤其是林木的培育经营、林业的一些重大公益工程，最忌短期化行为，投入很长时间，几十年甚至上百年，才能确切地把握真实的效果，一些只考虑近期能产生较好效益的短期化行为，甚至有可能是对长远利益的一种破坏，如过量采伐。这并非说排斥短期效益，而是说在保证长远利益的条件下，长短结合，兼顾短期利益。林业收规划这种长远优化型特征，相对于其他规划，是尤为突出的。

5. 区划布局型特征

林业的特点，使合理林业区划与林业布局在林业规划设计中占有重要的地位。林业建设与国土整治紧密相关，森林资源的分布与自然经济地理条件紧密相关，林业发展建设与区域经济发展紧密相关，决定了林业的明显地域差异性。林业规划设计就必然要遵从客观规律，在科学的自然经济地理理论、区位论、布局论等指导下，进行林业的合理区划和林业生产力的合理布局；这样，才能实行合理的林业区域分工、分区经营、协调发展，才能综合提高林业生产力水平，才能有效促进科学的国土整治。

6. 区域经济型特征

大面积的边远山区和大量的山系水系流域的森林密集分布，形成了诸多独具特色的林区。在林业区域中，林业是支柱产业，林业经济是经济命脉，林业的发展带动了其他各业的发展，从而形成和发展了林区社会。林区经济与社会建设，又大大促进了林业的发展，没有林区其他相关各业和社会的发展，单打一地进行林业建设，不但不能很好发展，甚至是不可能的。从这个意义上说，林区的林业建设，实际是林区建设，林区的林业经济实际是林业区域经济。我国有广大林区，林业规划设计十分注重林区区域经济和社会发展的规划，大片林区规划、林区的林业企业（也是一定区域）规划、防护林体系工程建设规划等都是林业规划设计的重要内容。此外，非林区的林业建设（如农牧区林业、工矿区林业、城市林业等）不能离开当地的经济、社会环境孤立进行都是从有利于当地区域经济和社会发展角度来制定林业发展规划的。由此可见，林业规划设计具有明显的区域经济型特征。

三、林业规划设计的意义和作用

林业规划设计工作是适应林业建设的需要建立和发展起来的，对林业乃至整个国民经济和社会的发展具有重要的意义和作用。

由上所述规划、林业规划设计及其特征中可以看出林业规划设计具有重要作用，主要表现在以下几个方面：

1. 林业发展的蓝图作用

林业规划设计是依据党的路线、方针、政策、正确的理论指导国民经济和社会发展的要求、林业和经济的客观规律、对林业现状的科学分析和对林业未来发展的科学预测制定的较长时期林业发展的蓝图，可以使人们认清林业形势，把握林业发展趋势；它规定规划的宏伟目标和任务及其实现的步骤和措施，既能够发挥动员、鼓舞作用，振奋人心也能够使人们明确奋斗方向，坚定信心，克服盲目性，增强自觉性。

2. 编制林业计划的依据作用

林业规划设计是较长期的、宏观的、全面的、战略性的、纲领性的计划，需要分步实施，需要细化，需要落实，因此，也就为林业计划提出了要求。林业计划只有依据林业规划设计的要求，将林业规划设计予以分解和具体化，分门别类地编制有关方方面面的林业发展的中、短期具体计划，才能保证林业发展长远战略目标的实现。

3. 林业工作的战略指导作用

林业规划设计为林业建设明确提出了战略方案，对各项林业工作具有重要的战略指导作用。只有在林业规划设计的战略指导下，多项林业工作才不至于偏离正确的方向，背离大目标，同心协力才能做到心往一处想、劲往一处使，近期利益服从长远利益，局部利益服从全局利益；林业工作才能取得最佳综合系统效益，林业现代化建设才能有更大的发展。

4. 林业宏观调控的手段作用

宏观失误是最大的失误，林业规划设计站得高看得远，它能有效防止林业建设的宏观失误，保证林业发展的大方向正确，整体合理，长远效果最优。它从宏观上可以摆正林业在国民经济中的地位，握准林业投资取向，调控好林业资源和各生产要素的配置，区划好林业建设区域，运筹好林业生产力布局，协调好林业的双重任务、三大效益、多资源、多产业（品）等内外关系。在社会主义市场经济中，林业规划设计的宏观调控作用更显突出。

5. 现代林业思想转化为现实生产力的"桥梁"作用

通过总结我国林业建设的历史经验，引进国外林业发达国家的先进理论和方法，借鉴各国林业建设的成功经验，调整我国林业建设的方针和政策，对林业和林业发展规律进行的再认识，逐步形成了有中国特色的现代林业思想，这无疑是一次历史性的飞跃。但如何把这代表进步的现代林业意识能动地转化为现实林业生产力，则具有更重要的意义。在这方面，林业规划设计可以也能够起到重要的"桥梁"作用。它把先进的思想转化为林业建设的蓝图或战略方案，以此为桥梁，进而过渡到各具体林业计划中，转化为人们的现实行动，形成现实林业生产力，大大加快了我国林业现代化建设的进程。

搞好林业规划设计，充分发挥林业规划设计的上述作用，无疑具有重要而深远的意义，主要表现在以下几个方面：

1. 对实现到 21 世纪中叶建立两大"体系"的林业发展总体目标有重要意义

林业部根据我国林业发展的现状和国家对林业发展的要求，已明确提出到 21 世纪中叶林业发展的总体目标——建立比较完备的林业生态体系和比较发达的林业产业体系。这是振奋人心的宏伟目标，也是林业建设面临的艰巨而繁重的战略任务，是一项庞大而复杂的系统工程。它的内涵必须明确，必须建立一系列科学的量化指标，必须分步实施、分步落实。这就需要系统运筹，首先做好战略部署和安排，只有林业规划设计才能担此重任，搞好这一规划，才能使这一宏伟目标的实现成为可能。

2. 对加速林业向社会主义市场经济转变的步伐有重要意义

党中央明确提出我国经济体制改革的目标是建立和完善社会主义市场经济体制，并做出了"决定"，林业必须适应这一改革目标的要求，向社会主义市场经济转变。林业既是产业又是社会公益事业，有其特点和持续运行规律，向市场经济转变有其难度和特殊性，搞好林业规划设计，就能按照林业规律和经济规律的要求，正确处理好林业产业与林业公益事业的关系，做到有目标、有步骤、有措施、有部署和有安排地把林业产业推向市场，使林业公益事业也适应社会主义市场经济体制的要求，从而有效地促进林业加速向社会主义市场经济转变。

3. 对林业现代化建设有重要意义

搞好林业规划设计，充分发挥林业规划设计的"桥梁"等作用，如前所述，就能把现代林业思想转化为现实生产力；就能保证充分、合理、综合开发利用，保护和发展森林资源，实现森林资源的良性循环；就能保证取得最佳的长远效益和综合效益，使林业走优质、高产、高效的大林业道路，得到持续、快速、健康的发展，从而加速我国林业现代化的进程，为实现我国四个现代化做出应有的贡献。

4. 对贯彻落实全社会办林业、全民搞绿化的方针有重要意义

植树造林、绿化祖国是一项关系全社会的宏伟生态建设工程，必须依靠全社会的广泛参与才能奏效。搞好林业规划设计，就能促进全民义务植树运动做到规范化、基地化、科学化、制度化；使当前城乡造林绿化争创"千佳村、百佳乡、百佳县、十佳城市"活动有序、健康发展；使各部门造林绿化纳入轨道，更有成效；把全社会办林业、全民搞绿化的方针落到实处。

5. 对农、林、牧协调发展有重要意义

农、林、牧业是国民经济的基础产业，林业是大农业的重要组成部分，是农牧业发展的屏障。作为我国陆地生态系统主体的森林能否有效地抵御各种自然灾害，保障水利设施发挥效能和农、牧业稳产高产，在很大程度上取决于今后林业建设的速度快慢和成效大小；农、林、牧业都是土地开发利用事业，合理利用有限土地资源极为重要，这就要求农、林、牧业发展要有恰当的比例关系。搞好林业规划设计，规划好林业的发展速度、规模以及林、农、牧的结构，就能有效保障农、林、牧业稳产、高产，促进农、林、牧业的协调发展。

6. 对国土整治，改善环境有重大意义

我国国土辽阔，相对众多人口，土地又是非常有限的，加之尚难利用的沙漠、戈壁、高寒、荒漠、石山占了近20%，可利用的土地尚有许多没有很好开发，已开发利用法的土地尚未得到充分合理利用，森林面积仅占13.92%，且结构不合理、生态自然环境相当严峻，国土整治（开发、利用、保护、改造）和改善环境的任务是很重要且艰巨的。搞好林业规划设计，规划好各区域、流域综合治理防护林工程体系，使其合拢成网状格局下在国土上完整化、布局上合理化；规划好造林绿化，消灭"两荒"，使林地合理利用，加快扩大森林资源，开发尚难利用的土地，提高已有林地的利用效果，这样就能有效地推进国土整治、改善环境的进程。

第二节　林业规划设计的指导思想、原则与依据

一、林业规划的指导思想

林业规划设计是在全面调查（自然条件调查和社会技术经济调查）的基础上，根据林业规划设计经济的各种理论及党和国家在一定时期对林业的要求，对规划内容从各个方面进行系统分析研究，在遵从客观规律的基础上，合理利用各种林业资源，充分调动各方面的积极因素，经过反复测算、论证和比较后制定的。

林业规划设计的制定和实施，是组织和管理社会主义林业的一种手段。它是自然科学和社会科学所揭示的理论和客观规律在林业部门的具体运用。林业规划设计要对未来林业生产建设各个方面的活动进行全面的部署和安排，所以它涉及很多问题。制定林业规划要研究很多内容，主要有以下几点：第一，要研究林业生产力的问题（如林业生产力的布局问题）；第二，要研究生产关系的问题（如林业所有制的问题、经营管理体制等的问题），还要研究林业生产建设如何兼顾国家、集体和个人的利益关系，如何协调当前和长远利益关系，如何协调林业产业与林业公益事业的关系，如何协调林业产业内各产业（营林业、木材竹材生产、林产工业、多种经营业等，第一、二、三产业）之间及各产品之间的关系；第四，要研究林业各种资源如林木资源、林地资源、水资源、野生动植物资源、野生微生物资源、气候资源、环境资源、林区地下资源及其他林业资源等）之间如何综合开发利用的问题；第五，要研究如何协调农、林、牧三者之间的关系，如何协调经济、生态、社会三大效益之间的关系；第六，需研究林业经济再生产过程中内涵与外延扩大再生产的关系以及生产、交换、分配与消费各环节的关系；第七，要研究森林资源的保护、培育、合理开发利用和发展的关系；第八，要研究林区其他各项生产事业的发展、社会建设和林业现代化发展及林业企业管理等一系列问题，既研究理论，又研究实践。

（一）林业规划设计的主要任务

林业规划设计的主要任务包括以下几个方面：

1. 预测规划期林业发展的基本趋势，确定林业发展的战略目标、战略重点、战略方针、战略措施和步骤；

2. 科学规划保护、培育森林资源，充分、合理利用各种林业资源；

3. 合理安排林业产业结构、林业生产力布局及林业重点建设项目；

4. 制定实现规划期林业发展目标的具体措施，促进林业经济快速、协调、健康地发展，满足国民经济社会发展对林业的需要，以取得最好的经济、生态、社会效益。

（二）林业规划设计的指导思想

1. 端正林业经营思想，协调发挥林业多种效益，坚持永续利用、待续发展

纵观世界林业的发展，主要经历了原始林业、传统林业和现代林业三个阶段。在原始林业阶段，人们毁林造田，刀耕火种，为自己的生存和发展而毁林；在传统林业阶段，由于资本主义社会生产力的迅速发展，为了满足木材和林产品的需要，人们开始大规模地掠夺和破坏森林。木材危机的出现，使人们意识到了森林的采伐与更新之间的相互依存关系。这种经营利用是以"木材利用"为基础的林业经营，这种经营利用的结果，使天然森林不断减少，因森林减少，而使农、牧业遭受损失，同时环境与生态平衡遭到严重破坏，所受损失远远超过了人们利用木材所获得的直接经济效益。历史的经验教训使人们逐渐认识到森林在维护生态环境方面的重要作用。森林在维护生态平衡、促进生态良性循环、保障人类生产生活安全方面的功能是其他有机体和物质设施无法代替的。从此，人类开始了人工造林的新的历史时期。人们因害设防地营造各种生态防护林，采伐后努力更新，力图改善生存环境。以保护、合理利用改造和重建森林生态系统为主的第三阶段的到来是历史发展的必然，是人们认识并运用客观规律的必然结果。传统林业时代的"木材利用"原则已经过时，取而代之的是以"生态利用"为特征的现代林业经营思想，即把林业经营的指导思想建立在生态平衡、永续利用、持续发展的基础上。

制定林业规划设计，必须端正林业经营思想，正确认识森林的作用，综合考虑林业在经济、生态和社会方面的多种效益，在安排林业的各项经营活动时，把培育森林、合理利用森林资源和保护生态环境结合起来。实现森林经济效益、生态效益和社会效益三者的统一，既不能忽视物质生产方面的效益，更不能忽视社会生态效益。

2. 摆正林业在国民经济中的位置，协调各部门的关系

任何一个生产部门的存在和发展都不是孤立的，林业的存在和发展，必然受其他部门生产发展的影响和制约，并以各种不同形式与其他部门共存于经济区域中，构成经济综合体。林业生产经营活动，是一种土地经营事业，因此，在有限的土地上，容易产生林业与农业、牧业争地、争水、争肥、争劳力的矛盾。所以不能孤立地仅从林业的特点及林业生产建设的要求出发，而必须同时联系其他有关部门的生产建设，协调发展，统一安排。国民经济各部门有计划按比例协调发展是社会主义经济发展的客观规律，其要求在进行林业规划设计时，把林业摆在适当的位置上。只有合理处理林业与其他产业部门的关系，才能使整个社会主义经济健康、协调发展。

3. 认真贯彻林业建设方针，坚持"以营林为基础"

中华人民共和国成立以来，我国在不同时期，提出了不同的林业建设方针，为林业建设的发展，起到了导航的作用。早在1950年，在全国林业工作会议上，第一次提出了"普遍护林，重点造林，合理采伐利用"的林业建设方针。1964年，我国在总结中华人民共和国成立以来林化建设经验教训的基础上，提出了"以营林为基础，采育结合，造管并举，综合利用，全面发展"的林业建设方针。1979年，在颁布的《中华人民共和国森林法》（试行）中，提出了"林业建设实行以营林为基础、造管并举、造多于伐、采育结合、综合利用的方针"。1984年《中华人民共和国森林法》正式颁布，提出了用法律形式固定下来的延续至今的林业建设方针，即"以营林为基础，普遍护林，大力造林，采育结合，永续利用的方针"，简称"以营林为基础方针"。

各个时期的林业建设方针都是从不同时期林业的实际情况出发，在总结林业建设经验教训的基础上提出来的。我国各个时期林业建设方针内容虽然不尽相同，但共同的一点是都把营林工作放在了基础的地位，不同的是它们在处理林业内部营林、采伐、加工、多种经营、综合利用等方面关系时摆的位置有所不同。

"以营林为基础方针"是协调处理林业内部各方面关系的准则。制定林业规划设计，在协调处理林业内部各方面的关系时，必须认真贯彻"以营林为基础"的林业建设方针，始终把营林工作放在基础的地位，保护培育好现有的森林资源，努力扩大森林资源，合理利用森林资源，做到合理采伐，及时保质保量地更新，实现"青山常在，永续利用"。林业生产的组织与计划、劳动力和生产资料的分配使用、各种管理制度的建立等，都要体现"以营林为基础方针"的要求。

4．适应林业特点，按客观规律办事

林业与社会其他产业部门相比，具有明显的特殊性。林业是以森林资源作为劳动成果和劳动对象的物质生产部门，森林资源的主体——林木是可再生的。树木生长周期漫长，一般情况下，培育一代森林需要相当长的时间，少则几年、十几年，多则几十年甚至上百年。林业再生产过程中自然再生产与经济再生产过程相交织，自然力起着主导作用。森林资源由多物种构成，具有多样性。林业既是国民经济的物质生产部门，又是社会公益事业，它肩负着生产木材及其他林产品和保持良好生态环境的双重任务，具有多种效益。林业生产建设具有亦工亦农的双重属性，采种、育苗、植树等活动属于农业范畴，而木材采伐、运输、加工利用等活动属于工业范畴。林业生产地域广阔、季节性强、条件艰苦、资金周转慢，森林资源的保护、培育、开发利用和林业生产的经营管理，都受林木生长周期长这一特定因素制约，所以，不能套用经营工业、农业的方法，而必须采用适合林业特点的特殊办法来安排林业生产建设的各项活动。具体来说，应合理进行林业生产力布局，科学配置林业生产各要素，按客观自然规律和经济规律办事，并在较长时期内，保持林业政策的稳定性和连续性，促使林业稳定协调地发展。

5．坚持一切从实际出发，实事求是

林业建设是我国国民经济中的一个薄弱环节。当前，林业生产建设存在很多问题，如森林资源分布不均匀、林业法制建设薄弱、森林破坏严重、林业经营管理粗放；森林生长率低、质量差、结构不够合理，可利用的成熟林不断减少，木材综合利用率低，林业企业经济效益差，绿化进度慢，造林保存率低，病虫害及火灾不断发生；不少地区自然生态失去平衡，水、旱、风、沙灾害仍很频繁，木材、烧柴供需矛盾尖锐等。因此，要制定好林业规划设计，就必须搞好调查研究，从国民经济和林业建设的实际情况出发，实事求是，尊重客观规律。只有充分地认识和运用林业发展的自然规律和经济规律，结合我国林业的实际情况，才能科学合理地安排林业生产建设的各项活动。同时，应合理安排林业发展的规模、速度和各种比例的关系，既不能把规划目标定得过高，脱离实际，也不能把规划目标定得过低，影响发展。林业规划设计的内容和指标，要既符合我国国情和林情，又满足需要。

搞好调查研究是林业规划设计的首要工作，调查研究是为了弄清情况，做到心中有数，使所拟定的规划方案有可靠的依据。

二、林业规划设计的原则和依据

（一）林业规划设计的原则

为了加强林业规划设计的科学性，使林业规划设计符合客观实际，保证林业规划设计的顺利实施，在编制林业规划设计时，必须遵循以下几个基本原则。

1. 适应社会发展需要，体现党和国家的林业方针政策原则

林业规划设计是组织指导林业各项建设事业健康发展的决策性文件，是国家科学组织林业生产经营活动的调控手段。林业规划设计是为了满足国民经济和社会发展需要，根据党和国家的路线、方针、政策制定的，所以进行林业规划设计，首先要适应社会的发展需要，适应建立社会主义市场经济体制要求，充分发挥林业规划设计在社会主义林业经济运行中的调控作用。同时，要充分体现党和国家不同时期的路线、方针和政策，尤其是林业方针和政策。党的路线、方针和政策，是进行一切工作的准绳。林业方针和政策是根据林业本身的规律和特点，在总结中华人民共和国成立以来各方面林业生产建设经验教训的基础上确定的，尤其是"以营林为基础"的林业建设方针。林业方针和政策是正确处理林业问题、协调林业各方面关系的准则。进行林业规划设计，安排林业生产建设各方面活动，只有认真贯彻党和国家的林业方针和政策，服从国家和地区的宏观指导，才能保证林业经济持续、健康、快速、协调地发展。

2. 市场导向原则

在社会主义市场经济体制下，市场是林业经营的重要约束因素，林业规划设计必须反映市场动态、适应市场需要，这是健全林业规划设计机制的重要标准，因此，必须走"市场—技术—资源"三位一体的林业规划设计新路子，从传统的单纯考虑资源要素的林业规划设计体制中摆脱出来，引入市场机制，发挥市场机制的导向、调节、激励和约束功能。

3. 全面规划与专业规划相结合原则

林业是一个综合性产业，包括营林、采伐、木材加工、林产化工、多种经营等活动。林业规划设计必然包括上述各方面的内容，林业规划设计由反映各方面活动的规划组成。林业规划设计包括全面规划和专业规划，全面规划面面俱到，综合反映各方面的内容，全面安排林业生产建设活动；专业规划只规划某个专业方面的内容，如营林规划、护林防火规划、林种布局规划、树种规划等。林业规划设计要注意全面规划与专业规划相结合，各项规划的内容、指标等应互相协调。对重点项目要进行专项规划，使林业规划设计内容更加充实完备，充分发挥各项林业规划设计的作用。

4. 当前利益和长远利益相结合原则

经济活动具有高度的连续性，许多重大的经济措施和经济活动，如重点工程建设、重要科研项目的研究及成果的应用、产业结构和地区生产布局的调整、人才的培养等，都需要较长的周期才能产生经济效果，各种生产要素作用的发挥也要有个过程。它们虽然不能很快提高经济效益，但可以为提高长远经济效益创造条件和储备力量，如"三北"防护林重点工程建设初期，投资较大、效果较小，一旦建成，其防护效益和经济效益就会成长。

在社会主义制度下，当前利益和长远利益，从根本上说是一致的，但是在一定时期，当前利益和长远利益之间也会存在这样或那样的矛盾。例如，在对森林资源的采伐利用上，这对矛盾就表现得比较突出。如果为了一时的利益，对森林资源过量采伐，就会造成森林资源危机，影响长远的经济效益和生态效益，甚至带来不可挽回的损失（如热带雨林过量采伐很容易形成热带荒漠，难以恢复）。进行林业规划设计，若把林业基本建设规模安排过大，会影响现有林业企业的生产和更新改造，影响当前的利益，也不利于真正提高长远的经济效益。我国曾几度出现基本建设规模过大，都影响了当时的生产建设。所以进行林业规划设计，安排林业生产建设各项活动，要把林业的当前利益和长远利益结合起来，协调好两者关系，具体安排好林业生产和建设中的比例关系，力争做到既有利于提高当前利益，又有利于提高长远利益。

5. 开源与节流相结合原则

开源，即广开财源，开发资源；节流，即节约支出，减少浪费。在林业生产建设的组织管理方面和林业资源的经营利用方面，如果组织经营管理不善，就会造成严重的损失浪费，如林区烧好柴、人为火灾的损失等；同时，林业计划实施不当，也会造成无效投资，浪费林业资金。另外，各种林业资源（林地、林木、林副产品资源等）是有限的，在一定时期内国家投入林业建设的经济力量也是有限的，不可能使所有的地区、所有的方面都有大发展，齐头并进。所以，进行林业规划设计，部署安排林业生产建设各方面活动，配置林业生产要素必须充分体现开源与节流相结合的原则，充分利用好现有林业资源，提高森林资源的综合利用率，提高单位面积的林地利用率，大力发展林业生产力；同时，努力创造条件，调动各方面发展林业的积极性，多方筹措资金，合理使用人、财、物力，杜绝浪费，节省资金，力争以最少的投入取得最大的经济、社会、生态效益。

6. 经济建设与人民生活统筹兼顾原则

党和国家的工作重点是以经济建设为中心，大力发展社会主义生产力，逐步改善人民的物质文化生活。林业规划设计既研究和安排生产问题，又包括生活问题。林业规划设计在处理经济建设与人民生活的关系上，必须统筹兼顾，全面安排，只顾人民生活，忽视经济建设，将会损害国家和人民的长远利益；只顾经济建设，忽视人民生活，将会损害人民的当前利益，挫伤人民群众发展林业的积极性。所以，应当尽量避免发生这两种不良倾向，使林业经济建设和人民生活互相促进，实现良性循环。

7. 正确处理国家、集体、个人关系和中央、地方、林业企业关系原则

制定林业规划设计，要兼顾国家、集体、个人三者的利益关系。在社会主义经济活动中，国家、集体、个人三者的利益，从根本上讲是一致的，但由于它们所处的地位和所代表的利益并不完全一样，因此又存在一定的矛盾。林业规划设计在处理这一矛盾时，既要考虑中央代表国家利益的需要，又要充分发挥地方、企业和个人的积极性、照顾地方、企业的需要，增加企业的活力，从而搞活林业经济。

8. 从全局出发，统筹兼顾，适当安排原则

林业经济是由林业再生产各环节、各方面组成的有机体，经济发展过程实际上就是各种经济矛盾不断出现和不断解决的过程。作为综合性很强的林业规划设计工作，在部署和安排林业经济各项活动，解决各种经济矛盾的过程中，必须采取从林业经济活动的全局出发、实事求是、统筹兼顾、适当安排的方针。只有这样，才能使整个林业经济协调发展，只顾一面的做法势必影响林业的发展。从全局出发、统筹兼顾、适当安排的原则，要求必须实行"全国一盘棋"，做到兼顾各个方面，既瞻前顾后，又保证重点，兼顾一般，做到统一性和灵活性相结合，集中和分散相结合；既考虑需要，又考虑可能；既考虑现实，又分析潜在可能；既立足于当前，又考虑长远发展。

（二）林业规划设计的依据

进行林业规划设计，主要依据以下几个方面。

1. 规划期国民经济和社会发展对林业的要求

林业是国民经济的一个重要组成部分，发展林业要在国民经济和社会发展总体规划的指导下进行。进行林业规划设计，必须考虑国家建设对林业的要求，根据国民经济和社会发展需要，安排林业生产建设各方面的活动，并且要与国民经济和社会发展规划相适应。林业规划设计必须服从整个林业发展的战略设想，并以在规划期内要实现的控制指标作为编制具体林业规划设计的依据。根据国民经济和社会发展需要，我国林业发展的战略目标是：到 20 世纪末，森林覆盖率将由现在水平提高 15% ~ 16%，生态环境明显改善，林业建设要再上一个新台阶；到 21 世纪中叶，建立起比较完备的林业生态体系和比较发达的林业产业体系。森林覆盖率力争达到 30%，实现全面绿化祖国，改变大地面貌的宏伟目标。进行林业规划设计，要充分考虑国民经济和社会发展对林业的要求，分析研究规划期林业发展的需要和可能，分期制定合理规划，通过一个阶段一个阶段的具体落实，使国家林业发展的总体目标逐步得到实现。

2. 国力的可能

进行林业规划设计要与国力的可能结合起来。在林业规划设计中，部署安排的林业生产建设的规模和发展速度，要与国家可能在林业上投放的人力、物力和财力相适应，量力而行。国家在一定时期内投放在林业上的资金毕竟是有限的，林业规划设计不能超出国家和地方各方面投资能力的范围。林业生产建设的规模过大，国家没有这个能力，规划目标根本无法实现。愿望和实际是有一定的距离的，进行林业规划设计必须要把国家需要和国力的可能结合起来，才能使林业规划设计付诸实施。

3. 规划区林业发展及各影响因素的全面情况

进行林业规划设计，必须弄清规划区的林业发展及其各影响因素的全面情况，只有了解林业发展的可能条件，才能使林业规划设计符合客观实际。所谓规划区，是指林业规划设计所涉及的地区。其范围视具体规划任务而定，可大可小，但一般以行政区划或经济区划分为界。考虑到林业分布的特点，还可以水系、山脉或交通干线的延伸范围来确定。另外，影响林业发展的因素比较多，有自然因素（气候、土壤、水等）、社会经济因素（劳动力、资金等）、技术因素等，不同地区影响林业发展的主要因素各不相同。进行林业规划设计，只有了解上述影响林业发展的各因素，摸清林业技术情况、林业生产能力、林业机械化程度、林业资源状况，影响林业发展的主要因素，才能合理确定林业生产规模、速度；只有了解影响林业发展的各因素和可能条件，在此基础上确定林业发展的各项指标，才能防止规划指标过高或过低。

4. 林业经济结构现状及演变规律

林业经济结构包括生产结构、组织结构、产品结构、技术结构以及分配、流通结构等。合理的林业经济结构是相对的，是随着我国自然社会经济条件的变化和林业的发展而变化的。从林业生产具有长期性的特征来看，林业经济结构应具有相对的稳定性。

我国现阶段的林业经济结构不够合理，主要表现在：①采育结构不合理，采伐的多，更新的少。②森林资源结构不合理，主要表现为林种结构不合理，用材林多，其他林种少；各大林区林龄结构不合理，不利于实现永续利用；树种结构不合理。③产业产品结构不合理。④林业投资结构不合理。⑤劳动力结构不够合理。

合理的林业经济结构具有一定的标志：①能够充分合理地利用森林资源，满足社会需要；②能够充分合理地利用人财物力，促进林业各类生产协调发展；③能够促进森林生态系统向良性循环的方向发展；④能够在一定时期内满足人们对木材及森林防护效益一定程度的需要；⑤能够取得较好的经济效益。

进行林业规划设计，要从林业现状出发，研究林业经济结构的合理性及演变规律；调整不合理的林业经济结构，如营造各种防护林调整森林资源的布局；调整林种和林龄结构，使林业生产坚持合理采伐，规划好营造林工作，逐步还清更新欠账；增加营林投资和劳动力投入，开发研究精深加工林产品，提高森林资源综合利用率等，使林业发展更好地满足社会需要。

5. 林业规划设计的有关法律法规

中华人民共和国成立以来，党和国家比较重视森林立法和林业各项政策法规的制定，无论森林保护、经济管理、森林的采伐与更新、林产品的生产与流通、山林权纠纷等方面，都有相应的林业政策法律规定。这些政策法规为林业规划设计提供了必要的依据。进行林业规划设计，部署和安排林业生产建设各方面活动，要严格遵守有关林业政策法规。比如，《中华人民共和国森林法》及《中华人民共和国森林法实施细则》中就规定了什么样的森林不许采伐，哪类森林只许进行经营性质的采伐，更新要跟上采伐，自然保护区的森林不许采伐破坏，对某些珍贵稀有的动、植物物种要进行有效保护等。总之，进行林业规划设计，要严格遵守这些有关的政策法律规定。

6. 现代林业科学技术和新的林业科研成果

科学技术是第一生产力，现代的林业生产技术相当复杂，林业生产的发展，不仅取决于林业劳动者的体力状况，还取决于林业科学技术及管理水平。只有充分调动林业工作者劳动的积极性和创造性，不断提高和运用林业科学技术水平，采用先进的管理方法，才能使林业迅速发展。现在世界上许多林业比较发达的国家，已经把现代林业科学技术广泛应用于林业生产建设的各个方面。例如，在遗传工程和良种培育方面的科研成果应用方面，使营林技术进入良种化、化学化和集约化，提高了人工培育速生丰产优质林木品种的能力和经济效益；林业航空航天遥感技术的应用，能迅速、准确地预提森林资源消长的数量和森林病虫害发生状况及林火情况，减少森林资源的损失；病虫害防治技术的研究和应用，保护了森林资源；各种采伐加工机械的应用，提高了生产效率；林产化工方面的科研成果开发了新产品，充分利用了森林资源。

应用先进的林业科学技术和科研成果，能够促进林业生产力迅速发展，有效地保护和合理利用森林资源，可以尽快编制出高质量的林业规划设计，达到预期的规划目标。所以，进行林业规划设计，要尽量采用先进的林业科学技术和新的林业科研成果，加速林业的发展。

7. 林业发展中的经验教训

中华人民共和国成立以来，林业的发展取得了很大的成绩，这是依靠政策、依靠科技、依靠群众、依靠投入的结果。在林业发展过程中，有许多经验教训值得吸收和引以为戒，如木材采伐管理混乱，造成森林资源过量消耗；植树造林追求数量，忽视质量，以致造林面积多，保存面积少；林业建设忽略了以营林为基础，强调以木材生产为中心，长期重采轻造，致使更新欠账；林业基本建设盲目上马，投资多、效果差等。总结林业发展过程中的经验教训，有利于科学制定林业规划设计和正确认识林业发展的客观规律，按客观规律办事，充分发挥优势，趋利避害，减少盲目性；按客观规律发展林业，避免造成损失浪费，少走弯路，充分发挥林业的多种效益。

第三节　林业规划设计工作

林业规划设计工作包括一系列规划实践活动，各项规划活动有其特定的内容。林业及国民经济的发展需要编制各种林业规划设计，各种林业规划设计都要通过特定的规划活动形成规划文件成果，并按一定程序由一定的部门组织实施，指导林业生产建设各方面实践，取得预期的规划效果。要研究林业规划设计的经济问题及其规律性，必须首先了解林业规划设计工作，同时了解各种林业规划设计的关系及主要内容。

一、林业规划设计工作概述

（一）规划活动

如前所述，规划也就是筹划和谋划。它是计划的一种，是长期的、比较全面的、客观的、具有战略性的计划，是人们对未来一定时期人类活动所做的部署和安排。它既包括进行安排和部署的活动过程，即规划工作；又包括最终做出的具体安排部署，即规划的文件成果；还包括规划的实施、检查、监督和修改。

人类是有思维的，人类的活动是有目的、有意识的活动。规划活动是客观规律在人们头脑中的反映和应用。从日常生活到一项事业，从个人到一个单位、一个地区、一个部门、一个国家，经济、军事、政治、文化教育等各种活动都需要做出一定时期的安排。世界上的一切事物总是在不断地变化和发展着，人类面对未来并筹划未来的行动，规划活动便永远不会停止。

（二）林业规划设计工作

林业规划设计工作就是最大限度地利用有利条件，按人们的意愿，安排部署未来时期保护、培育发展和广泛利用林业资源等活动，以满足国民经济和社会发展需要，实现森林资源的永续利用和林业的持续发展。

林业规划设计工作的全过程包括林业资源的调查和林业社会技术经济调查，在调查研究的基础上，经过反复分析和论证，编制出科学的林业规划设计文件，用于指导林业社会实践，并通过执行和实施，不断地反馈、进行补充和修改完善，再回到林业实践中去，最终达到人们预期规划目标的所有阶段的总和。

（三）我国现行的林业规划设计工作

我国现行的林业规划设计工作，主要按各种需要，编制各种形式、各种内容的林业规划设计。有时，按固定年限编制定期的林业规划设计（如5年林业发展规划，10年林业发展规划，12 年、15 年、20 年、25 年、50 年林业发展规划）；有时，根据国民经济和社会发展需要，不定期地编制各项林业工程规划（如"三北"防护林工程规划、沿海防护林工程规划、治沙造林工程规划、速生丰产用材林基地造林规划等等）和林业专业规划（如营林发展规划、木材采运发展规划、林产工业发展规划、多种经营发展规划等等）；有时，以不同所有制形式的社会团体为规划对象编制林业规划设计（如国有林业发展规划、集体林业发展规划、私有林业发展规划、合作林业发展规划）；有时，按决策权力范围的大小为规划对象进行林业规划设计（如全国林业发展规划、地方林业发展规划、基层林业发展规划）；有时，按区域的不同作为规划对象编制林业区域规划（如东北内蒙古国有林区林业发展规划、南方集体林区林业发展规划）；有时，按不同的规划内容编制林业规划设计（如林业生产建设规划、林业科技教育发展规划、林区社会发展规划）等。在林业规划设计工作中，比较常见的林业规划设计工作主要有林业区划工作、林区规划工作、林业企业规划工作、平原林业规划设计工作、农林牧复合区林业规划设计工作和林业工程项目规划工作等。各项林业规划设计工作具有不同的意义，安排在特定领域里的林业活动，发挥着不同的作用。在进行林业规划设计过程中，各项林业规划设计工作应当互相协调、互相衔接、互相配合，充分发挥各项林业规划设计在组织林业生产建设中的调控作用。

（四）我国林业规划设计工作的主要成就

40 多年来，我国在主要林区和地区进行了大量的林业规划设计工作，为林业发展做出了积极贡献，主要成果有：

1. 国有大片林区开发建设规划

（1）大兴安岭林区开发建设规划。中华人民共和国成立后，林业部曾对大兴安岭林区进行过三次开发建设规划。第一次是 1956—1958 年，在苏联专家指导下进行的。其主要成果为《大兴安岭林区开发规划总方案》。此外，在 60 年代中期对大兴安岭东部林区（会战区）又进行了规划。1979—1980 年，对全大兴安岭林区进行了全面的修改规划。

（2）小兴安岭林区经营规划。小兴安岭林区是我国开发得最早的林区，其于 40 年代末期开始开发，由于缺乏系统开发规划，到 60 年代，各方面矛盾重重，亟须解决。1965 年，林业部组织进行了小兴安岭林区经营规划的编制工作，其成果也称"伊春林区经营规划"。这项规划工作是在总结了 20 多年经验教训的基础上，对林区企业经营规模、采伐与更新、资源生长与消耗、内部运输类型、路网密度、衔接点、综合利用、多种经营等诸多问题进行的全面、系统、科学的部署安排。由于开始了"文化大革命"，此规划未能全面贯彻执行，但它仍不失一个有科学价值的"方案"。

（3）金沙江中游林区开发建设规划。1965 年，为配合"三线"建设和缓解木材供需矛盾，林业部组织了金沙江中游林区的大会战，编制了综合本地社会经济特点并体现"三线"精神的开发建设规划。但在规划执行过程中，并没有全面落实规划精神，由此带来了许多不良后果。

2．区域性林业发展规划

区域性林业发展规划大多数是以省、区为单位进行的全面的、综合性的规划，为了给各省、区的林业建设进行宏观决策提供依据，为了配合农业综合开发，山、水、田、林、路综合治理，从中华人民共和国成立到现在，我国多数省、区都进行过区域性林业发展规划。

3．防护林体系工程建设规划

为了改善生态环境，调整我国的林业生产布局，保护农牧业生产，提高抗自然灾害的能力，加速土综合治理和改善投资环境，促进和保障各地经济的发展，提高人民的生活水平，从 70 年代起，相继进行了多项防护林体系工程建设规划工作。对各工程的设计和建设起了一定的指导作用，收到了良好的效果。主要成果有：

（1）"三北"防护林体系建设规划。该工程规划是地跨我国西北、华北、东北 13 个省、市、区的 551 个县（旗、市、区），总面积达 406.9 万平方公里，占国土总面积的 42.4% 的巨大工程规划。整个工程分为三个建设阶段：1978—2000 年为第一阶段，2001—2020 年为第二阶段，2021—2050 年为第三阶段。每个阶段分别规划出造林工程量。第一阶段分为三期工程，现在第二期工程建设已胜利结束。该规划实施目前已取得明显的经济、生态和社会效益，为世人所瞩目。

（2）长江中上游防护林体系建设规划。该规划分两期工程，一期工程规划范围包括 9 个省，重点治理 144 个县，规划 1988—2000 年造林 742.5 万平方公里。一期工程完成后，森林覆盖率由 19.9% 提高到 41.7%。

（3）沿海防护林体系建设规划。规划范围北起辽宁省鸭绿江口，南至广西的北仑河口，大陆海岸线长 1.8 万公里，包括我国沿海 11 个省、区、市有海岸线的 195 个县（市、区），总面积 2510 万平方公里。一期工程 1988—2000 年规划造林 246.9 万平方公里，占工程总量的 70%。一期工程建设完成后，该地区的森林覆盖率将由 16.9% 提高到 33.3%。

（4）太行山绿化工程规划。规划范围包括河北、山西、河南、北京四省、市的 110 个县（市、区）。规划 1986—2000 年造林 360 万平方公里，规划实现后，森林覆盖率将由 15.3% 提高到 43.6%。

（5）平原绿化工程规划。规划范围东起三江平原、松辽平原、长江中下游平原，南至珠江三角洲等平原地区，包括 26 个省、区、市的 918 个县（旗、市、区）。规划建立以农田防护林网为主体，结合"四旁"植树、农林间作、成片造林，形成具有我国平原绿化特点的带、网、片、点相结合的防护林体系。规划到 2000 年，918 个县全部达到平原绿化标准。

除此之外，我国还进行了大规模的治沙造林工程规划工作。

4．用材林基地建设规划

为了缓解木材及林产品的供需矛盾，减少外汇支出，近年来，我国开展了多次用材林基地建设规划。提出了建设地点、规模、方向、措施等，为我国用材林发展描绘了广阔的前景。规划在从大、小兴安岭到滇黔一线东南半壁国土上，建设用材林基地 20 大片 5 小片。

总面积 4035 万平方公里。其中到 20 世纪末营造速生丰产用材林 800 万平方公里，并且资金已落实，规划已启动。

5. 江、河、湖区综合治理中的林业规划设计

近年来为根治水患，对我国主要河流、湖区筹划进行综合治理。为配合综合治理，在统筹安排下，林业进行了多项江、河、湖泊治理的防护林体系建设规划。比如，太湖流域、淮河流域、辽河流域等河流的防护林体系建设规划、黄河流域林业发展规划、湖区五省兴林灭螺造林规划、西藏"一江两河"地区的林业发展规划等等。

6. 农业综合开发中的林业规划设计

近年来，我国大搞农业综合开发，大力改造低产田，实行农、林、牧、副、渔全面发展，山、水、田、林、路综合治理。要求林业在综合开发中的投资额以不低于 10% 的份额予以投入。为此，进行了开发区中的林业发展规划工作，它是综合开发规划的重要组成部分。

7. 全国林业发展规划

全国林业发展规划是在各类林业规划设计的基础上进行的，可以说是各类林业规划设计的一个综合缩写本。我国根据国民经济发展需要，分别编制了不同时期、不同类别的全国林业发展规划。

（五）我国常见的几种林业规划设计工作

1. 林业区划

林业区划是林业行业的生产布局规划，它是从宏观上、整体上来研究地域分布规律，结合林业生产发展需要进行合理林业生产力布局的一项重要科研工作。

林业区划工作包括区划调查，分析研究评价区划范围内的各种因素，分析评价林业各因素的区域分布规律和林业发展对各种条件因素的要求、可能及潜力等内容，按林业地域分布规律及国民经济发展需要进行分区划片，提出各区林业发展的方向、规模、结构、林种树种比例等内容，形成科学的林业区划文件成果，通过科研成果审批鉴定，使其成为法律性文件，用以指导林业生产实践。同时，在实践中不断修改、丰富、完善林业区划的内容，充分发挥林业区划的作用。

林业区划调查包括自然条件调查和社会经济调查。自然条件调查主要了解区划区内的地理位置、土壤、气候、温度、季风、风力、降水量、无霜期、山形地势及地表水、地下水的供水状况，各种矿产储量、动物、森林、植被覆盖程度、品种、数量、结构、消长变化趋势及分布和组合等。经济调查主要了解面积、人口、劳动力、与林业有关的行业（农、牧、工业、交通等）发展情况、自然灾害发生情况，当地社会经济发展和人民生活对发展林业的要求，林业生产经营状况（营林、森林采伐、木材及林产品的加工利用，林业技术水平与技术设备等）。

林业区划工作在调查的基础上要对各种因素进行分析评价，包括从构成林业环境条件的各种自然因素进行鉴定及分区评价。另外，以地带和地区为单位就空间范围内有关的林业自然条件和资源进行综合评价。只有掌握生物与外界环境条件的适应程度，才能合理安排各种林业生产，最有效地利用自然条件，改造不利条件，采取较适宜的生产措施来发展林业。

林业区划在做分析评价的基础上，根据林业的地域分布规律和国民经济发展对林业的需要，按不同的分类标准和依据，用区别差异性、归并同一性的方法在全国、各省及各县（旗、林业局）等不同范围内进行分区划片，提出区划区及各级分区的林业发展方向、可能的发展规模，各业合理的结构、林种树种合理比例等内容，形成科学的林业区划文件成果（林业区划报告），通过由各级林学会及有关部门组织科研成果审定，使其成为法律性规划文件，作为编制其他林业规划设计、计划，组织林业生产的基础依据，指导林业生产实践。林业区划是一项长期的工作，随着森林资源等各种条件的变化，要不断修改并在实践中不断丰富、完善林业区划的内容，充分发挥林业区划在林业生产建设中的作用。

林业区划工作的理论和详细内容，将在第七章中做系统、全面的阐述。

2．林区规划工作

林区是聚居着一定的人群，有一定的社会组织、服务设施及管理制度，以林业生产活动为主的辽阔的地域空间。它是由林业经济、政治、文化等各种社会关系组成的一个相对独立的区域。林区规划工作是以某一林区为规划对象，在明确规划目标、进行林区规划调查的基础上，对林区内的林业生产建设、社会建设、科技文化教育等各方面活动所做的部署和安排。林区规划是林区开发、建设的依据。

3．林业企业规划工作

林业企业规划是林区规划的组成部分。林业企业规划工作是以某一林业企业为规划对象，在全面调查的基础上，对林业企业的开发、建设和各项生产，因地制宜地进行全面部署和具体安排。

4．平原林业规划设计工作

平原林业规划设计是以平原地区为规划对象，为了促进平原林业的迅速发展，以保证平原林业发展的科学化、合理化、规范化和造林绿化为目标，对平原地区林业生产建设活动进行的部署和安排。

5．农林牧复合区林业规划设计工作

农林牧复合区是采用农林牧结合方式，将不同的作物、树木及草类在时空上、品种上合理搭配，最大限度地利用土壤、阳光、水分等自然条件，使人力与自然力有机地结合起来，以获取尽可能大的生物量和尽可能高的经济效益的一定空间集合。对这类地区林业活动的具体部署和安排就是农林牧复合区林业规划设计，它是综合农业规划的组成部分。

对这类地区的规划要注意生态互补、因地制宜，合理地规划林业的发展，使农林牧各业互相配合、协调发展，发挥最佳的经济效益和生态效益。

6．林业重点工程规划工作

林业重点工程是在诸多林业生产经营活动中，选择出来的强化林业经济发展的有关重要生产建设项目，对这类项目的具体安排、设计和实施，是林业重点工程规划。林业重点工程规划是推动林业生产建设发展的关键之一。

（六）林业规划设计与国民经济规划

林业是国民经济的重要组成部门，林业规划设计是国民经济规划的重要组成部分，没有林业规划设计，就不能有全面的国民经济规划。国民经济规划为林业规划设计规定了任务和发展方向，林业规划设计则是国民经济规划制定和实施的一个依据和具体内容。科学制定各种林业规划设计，是发展社会主义林业的客观要求，是党和国家对林业实行正确领导的有力工具和手段。切实做好林业规划设计工作，不仅对林业本身的发展，而且对整个国民经济的发展都具有十分重要的意义和作用。

二、林区规划工作

林区规划是林业规划设计的一种，是安排林区林业各方面发展的规划。这类规划比较全面、复杂，涉及许多自然、社会、经济、技术等问题，主要是安排林区的林业生产建设、林区生产力布局及林区社会经济发展等。

（一）林区的概念及分类

1. 林区的概念

林区一般是指森林基本集中连片分布，以林业为主要发展方向的地区。它是聚居一定的人群，从事以林业生产活动为主体，包括多种产业活动在内的辽阔的地域空间，是一定空间结构体系和社会经济结构体系的统一体。有时，林区的界线并不很明显，存在社会多行业的交叉关系，有明显的层次性。比如，在一个大林区中，又存在许多较小的林区，但一切林业活动总是在一个特定的林区进行的。因此，一个具体的林区可反映出相当普遍的林业社会现象。林区可为人类提供良好的生态环境，提供木材和其他多种林副产品，满足人类衣、食、住、行的需要。

2. 林区的分类

根据不同需要，按不同标志，林区可做不同的分类。通常林区可按山林权属、山脉水系、地理位置和行政建制等标志划分。可分为按山林权属划分，可分为国有林区和集体林区；按山脉水系划分，大兴安岭林区、长白山林区、白龙江林区等；按地理位置划分，可分成几个大片林区，如东北林区、西南林区等；按行政建制划分，林业经营活动占有相当比重的省、地区分别是各层次的林区。

（二）我国主要的大片林区和林业基地建设概况

我国有东北内蒙古林区、西南林区、南方林区、西北林区等几个比较大的林区，由于各林区所处的地理位置不同和自然条件、社会经济条件的差异，各林区林相组成、经营方针等具有自己的特点。因地制宜地规划、建设和管理好这些林业生产基地是一个具有战略意义的问题。

1. 东北内蒙古林区

东北内蒙古林区包括大、小兴安岭和长白山山地，是我国目前最大的天然森林区。森林在这里集中连片，以红松、落叶松、云杉、桦树等用材林为主，是我国主要的森林采伐地区。此地区交通比较方便，经过多年建设，已建成了一批新型的林区社会（如以伊春小兴安岭林区等）。该林区林业生产基础比较好，但过伐情况突出，资源枯竭问题严重；地处温带和寒温带，林木生长周期长。规划林区的林业发展要注意适度采伐，注意资源更新、永续利用、综合利用，发展林区劳动密集型和技术密集型的产业。

2. 西南林区

西南林区包括横断山区、西藏东南部山地、云南南部等地林区。这些地区地形垂直高差大、地形切割强烈，具有寒温带到热带的各种树种，是我国第二大天然林区。这一林区主要分布在交通不方便的边远地区，森林资源没有得到充分开发利用，成过熟林比重大。所以，在这个林区进行林业规划设计，首先应安排交通建设和林业基地建设。

3. 南方林区

南方林区包括秦岭、淮河以南、云贵高原以东的广大南方山区，地跨 10 个省区，分布范围很大，有林地相对集中成若干个小林区，是以人工林为主的集体林区。这个林区林种结构复杂，除用材林外，有多种经济林木，是我国最大的杉木、毛竹用材林和油茶、油桐、漆树等多种经济林木的经济林区。南方林区主要是山区和半山区，地处亚热带，林木生长周期短、速生条件好、而且交通方便、人口密度大，生产生活需材量大。规划该区林业发展，只有加强森林保护、合理采伐更新以及充分利用部分山地逐步解决林粮矛盾等问题，才能巩固和发展这一重要林业基地。

（三）我国林区的主要特征

1. 国有林区特征

我国已开发的国有林区已普遍城镇化，但社会基础设施较差，如生活水平较低、文化较落后、交通及通信较落后、市场经济发展较迟缓。国有林区开发较早，历来为国家林业投资重点区，森林工业发达，机械化程度及林产工业水平均高于全国平均水平。由于长期重采轻造、过量采伐、加上林木生长周期长、造林更新欠账，造成成熟林比重下降，后续资源不足。由于木材生产任务的调减，不少林业企业出现了经济危困。另外，随着改革开放的不断深入，林业建设方针政策的落实，国有林区中的集体林数量有明显上升的趋势。针对国有林区的现状及特征，进行国有林区林业规划设计应着重安排好森林经营活动及社会建设发展，采取有效措施缓解"两危"。

2. 集体林区的特征

我国集体林区，森林大部分为集体所有。由于集体林区是在自然经营的基础上发展起来的，有的林区市场经济发展快，林业比较发达；有的林区则残留着原始林业的痕迹，林区林业发展极不平衡。集体林区大部分分布在南方水热条件优越、气候温和的地区，树种多、生长快、生长周期短。南方集体林区位置靠近沿海大城市，具有发展商品生产所必需的有利条件（如市场、资金、技术等）。针对集体林区的特征，在进行林业规划设计时，应充分发挥集体林区的自然、经济优势，尽快使集体林区建设成为重要的林业基地。

（四）林区规划工作及其作用

林区规划工作是以某一林区为规划对象。对林区内的林业生产建设、社会建设及科技文化教育等方面的活动进行全面部署和安排。林区规划是林区生产和建设的先行官，规划编制得科学合理并顺利实施，林业生产和建设就能多快好省地发展，林区林业在国民经济中的作用就会越来越大。

林区规划工作能正确研究和解决人口、资源、环境、发展之间的关系，改造世界，造福人类。林区规划合理，能促进林业生产力的合理布局，改变林业资源分布不匀的现象。

不仅如此，它还是有目的地培育森林资源、为国家生产更多林产品的主要途径。林区规划可以更好地发挥森林的多种生态、经济和社会效益，做到涵养水源、减轻邻近地区的自然灾害，保证农牧业的稳产高产；同时为改造自然环境，保证动植物生长，发展山特林副产品，广泛利用自然资源做出贡献。

林区规划工作能够促进林木更好地生长，保证森林资源的永续利用；同时还有助于充分发挥各林区的经济优势，更好地促进林区经济的发展。有了林区规划，可以保证林业的发展有一定的稳定性和连续性，免除一风吹、一刀切的弊端，使林区的林业生产和建设在一个可靠的基础上向前发展。

搞好林区规划工作为林区各项林业活动的最优化提供了可能。

（五）林区规划工作的主要内容

林区规划工作是一项综合性的规划工作，它包括林区开发建设规划工作和林区社会经济发展规划工作。林区开发建设规划包括大片林区开发规划和林区内各林业企业开发规划（林业企业总体设计）。林区规划涉及的面比较广、内容复杂繁多，涉及林区发展的各个领域。

大片林区开发规划工作的主要内容有：林区区划工作，包括林区自然经济区划和林区企业区划，在林业企业区划中对林区管理体制的设置、林管局和林业局以及林场区划逐一进行分析论证；从森林采伐量、营林工作量、林产工业产品和其他产品等方面规划安排林区产品的组成及其生产规模；从林区开发原则、建成标准、建设进度和主要建设项目安排林区的开发顺序、开发方式与建设速度；从林区的运输类型、木材流向、林区运输总干线、衔接点、道路网密度、建设进度、控制工程、运输机械等方面规划林区的运输方案；从土地利用、森林采伐与更新、种苗基地建设、人工速生丰产林的建设、森林保护（护林防火和病虫害防治）、林分改造与沼泽地改良、森林培育、机械化等方面规划安排本林区的森林经营；从伐区、运输道路与生产工艺、贮木场三大工序上着手安排木材生产和林道网密度布设；根据资源提供的可能性，规划林产工业产品发展的方向、建厂规模与布局；对本区的能源供应与需求、其附属工程、农副业生产和多种经营以及林区社会建设、科学研究和文化教育等各方面做出安排，规划林区发展的综合指标，概算投资总额，分析经济效果，预测林区发展的美好远景。概括地说，林区开发建设规划包括林区生产建设和社会建设两部分。

林区社会经济发展规划的主要内容有：安排规划期内林区社会总产品和国民收入；安排各项企业生产活动，包括木材采运、营林、林产工业、多种经营等林业生产活动；安排部署林区的物资供应、商贸、对外贸易、地方工业、地质勘探、运输、邮电等方面的发展；安排林区经济的发展、产业结构的调整及林区生产布局；安排林区科技、教育事业的发展；安排部署林区人口、劳动、文化、艺术、体育、卫生、林区城镇建设、环境保护、福利事业等社会事业的发展。

林区规划要根据林区社会发展的实际情况和国民经济发展的需要，安排好不同时期林区社会经济各方面的发展速度、规模、具体的数量指标和质量指标，安排好林业生产力布局、林业重大建设项目和林业技术改造工程，并提出各项具体的措施，保证规划的实施。

三、林业企业规划工作

林业企业是我国国民经济的重要组成部分，是社会物质生产的基层单位。林业企业在社会主义林业经济发展中起着重要的作用，科学合理地安排林业企业的各项生产经营活动，对促进林业企业的健康发展，充分发挥林业企业的作用具有重要意义。

（一）我国林业企业的概念、组成及发展

林业企业是以从事林业生产活动为主的基层生产经营单位。

我国社会主义初级阶段的市场经济体制，是以公有制（包括全民所有制和集体所有制）经济为主体，个体私营经济、外资经济和其他经济为补充，多种经济成分长期共同发展的所有制结构。我国的林业企业是建立在生产资料以公有制为主，多种经济成分并存基础上的社会主义林业企业。

我国现阶段林业所有制结构决定了林业企业既有全民所有制的林业企业，如国有林业局、国有林场、国有苗圃、国有木材加工及林产化工等企业，又有集体所有制的林业企业，如乡村林场、采育场、苗圃、小料厂、纸浆厂、人造板厂以及林业生产各种专业队等。另外还有个体林业企业，如个体栽培企业、个体加工企业（如农民自办木材加工厂、林化厂、林机厂等）。除此之外，还有合作林业企业（如全民集体合作企业、中外合资林业企业、中外合作林业企业、外资林业企业等）。

全民所有制林业企业是社会主义林业经济的主体，是我国林业生产的骨干，起主导作

用。它的存在与发展对保证林业建设的社会主义方向和整个林业经济的稳定发展以及充分发挥林业在国民经济和社会发展中的社会效益、经济效益和生态效益起着决定性的作用。

全民所有制林业企业是通过剥夺封建地主和官僚买办资本家私有生产资料建立起来的，并随着大规模的社会主义林业建设不断发展壮大的，旧中国的土地和森林大部分归地主所有。中华人民共和国成立以后在没收地主、官僚买办资本家及日本帝国主义殖民地林业的基础上，逐步建立了相当数量的国营林业局。以行政建制的 138 个林业局，分属于黑龙江省、内蒙古自治区、吉林省、四川省、云南省、陕西省的林业部门所管辖，是我国林业的生产基地。国有林业局以开发利用原始森林为主，不仅承担着木材生产任务，还肩负着保护扩大现有森林资源以及更新采伐林地的任务，并逐渐形成了包括森林经营、木材生产、木材加工、综合利用和多种经营的联合企业。国有林场主要是中华人民共和国成立以后为了解决木材供应、水源涵养和农田防护，为了利用优越的自然条件而逐步建立的。它们大部分分布在长江以南的各省区，至 1986 年已有 4170 多个。其是利用国家的林业建设投资，实行事业体制，企业管理的单位。现在大部分国有林场的资源已陆续进入采伐利用阶段，将成为我国林业企业的骨干力量。至 1988 年全国有 8000 多个国有苗圃；规模不同的国有森工企业 2400 多个，包括采运企业、林产工业企业、林业机械制造和维修企业等；还有国有种子公司、林业勘察设计和科研单位等。

我国的集体林业企业是在农业合作化运动中逐步建立起来的，中华人民共和国成立后我国有很大部分森林企业，特别是南方各省区，为利于发展生产和满足山区农民的需要，大部分森林分给农户个人私有，少部分划归乡、村公有，后经互助合作运动，私有林成为集体林。森林所有制分别归乡行政村和自然村所有，建立起多个乡村林场和其他林业企业。集体林业企业在促进我国林业发展、解决山区就业、繁荣山区经济、提高山区人民的物质与文化生活水平方面起着重要的作用。

党的十一届三中全会以后，个体林业经济有了较大的发展。个体林业企业具有规模小、灵活性大、产品类别多的特点，既为社会提供了林产品，又为林农增加了收入。个体林业企业包括个体栽培户、林农自办木材加工厂、林化厂、林机厂等。个体经济属于私有性质，但在社会主义初级阶段，它的存在与发展具有积极意义，是社会主义林业经济的必要补充。

我国从党的十一届三中全会以后就实行改革开放政策，积极发展对外经济关系，包括吸引外资，这样就产生了一批中外合资林业企业、中外合作林业企业和外资林业企业。

（二）我国林业企业的分类

我国社会主义林业企业虽然基本上都是从事林业生产活动，但由于林业所有制、森林资源条件、地理环境、生产方式和经营范围不同，每个林业企业具体生产经营活动的内容和组织管理体系也不同，为了科学合理地进行林业规划设计，合理组织安排林业生产，从不同角度可以把林业企业划分为不同类型。林业企业一般可按下述几个方面进行分类：

按所有制形式划分，可分为全民所有制林业企业（如国有林业局）、集体所有制林业企业（如乡村集体林场）和私有林业企业（如林农自办木材加工厂）等。

按隶属关系划分，可分为中央、省（市、自治区）和县属林业企业。

按经营范围划分，可分为单一性专业化林业企业（如专门从事制材的制材厂、专门从事家具生产的家具木器厂）和综合性联合林业企业（如从事营林、采运、木材加工等生产的林业局、综合林化厂、综合木材加工厂、林工商联合企业等）。

按生产规模划分，可分为大型、中型、小型林业企业。林业企业的生产规模，因企业生产经营范围的不同而不同，一般取决于经营面积、产品产量、职工人数、机械设备数量以及生产能力等，划分标准一般由国家统一规定。例如，以木材生产为主的林业企业根据国家规定，年产原木 15 万 m³ 以下者为小型林业企业；年产原木 15 万 ~ 30 万 m³ 者为中型企业；年产原木 30 万 m³ 以上者为大型林业企业。

此外，按机械化程度划分，有机械化林业企业、半机械化林业企业和手工作业的林业企业；按运输方式划分，有森铁运材企业、汽车运材企业和水运企业等。

林业企业类型问题是一个很重要的问题，研究它可以使我们了解各类林业企业的特点，以便科学地部署安排林业企业的生产经营活动，提高劳动生产率，降低产品成本，为社会提供更多更好的林业产品，满足国民经济和社会发展的需要。

（三）林业企业的任务

我国林业企业的性质决定了林业企业的任务是坚持社会主义经营方针为生活提供必要的物质条件。

林业企业是生产经营单位，一切活动都是围绕林业生产经营活动开展的，生产经营活动是核心。所以在各项产品的生产过程中，必须讲求经济效益，尽量节约人力、物力、财力；在完成生产任务的前提下，消耗越少越好；同时由于林木生长具有长期性，且森林具有经济、生态、社会等多种效益，所以，林业企业生产活动必须适应林业特点，协调林业三大效益的充分发挥。例如，采伐量的安排必须合理适度、符合林业发展的客观规律。

（四）林业企业规划工作及其内容

林业企业规划是林业规划设计的一种，它是以某一个林业企业为规划对象，在规划调查的基础上，对林业企业的各项生产建设活动因地制宜地进行全面部署和具体安排。

林业企业规划工作包括很多种，如林业企业总体设计规划、林业企业社会经济发展规划、森林经营规划、木材生产规划、多种经营规划、林产品加工规划、林业企业社会发展规划、林业企业科教发展规划等。

1. 林业企业社会经济发展规划

林业企业社会经济发展规划是指林业企业对企业内部各产业、各部门的生产建设、科学技术、文化体育和社会发展等主要方面，在规划期内所做的全面部署和安排。

林业企业社会经济发展规划的主要内容包括：①安排本企业规划的基本指标和综合性

规划，如反映企业社会总产值、企业职工收入消费基金、积累基金、积累率、人均消费水平及综合经济效益等项指标，安排企业固定资产总额投资的分配、新增生产能力、大中型建设项目等。②安排林业企业内部各产业部门的生产建设发展规划，如安排企业内部木材及其他林产品的生产、企业内部农牧副渔各业的生产；企业内部运输、邮电、商业、贸易等各业的发展；安排本企业经济发展的规模、速度等。③安排本企业科技教育的发展，包括提出科技发展的设想，重大科技攻关项目和科技成果的推广应用，提出人才培养目标、培养规模、培养速度等内容。④规划本企业的社会发展，如规划企业人口、劳动、文化、艺术、体育、卫生事业的发展，规划城镇建设、环境保护及企业福利事业的发展等。

2．森林经营规划（方案）

森林经营规划是林业企业特有的规划，它是为了提高林地的生产力，增加森林的生长量，实现越采越多、越采越好、长期经营、永续利用，充分发挥森林的生态、经济、社会等多种效益，对林业企业的更新造林、森林抚育采伐、林分改造、种苗生产、森林保护及土壤改良等森林经营活动进行全面部署和合理安排。

森林经营规划是指导林业企业科学地经营森林，实现永续利用、发展林业商品经济、制定中长期林业生产建设规划、进行作业设计的指导性文件；是上级主管部门监督、检查、考核森林经营活动和领导任期目标责任制的主要依据之一。

森林经营规划不仅是指导林业生产单位保护、发展、合理利用森林资源，实现森林集约经营，合理确定采伐量，实行限额采伐的基础；而且是监测森林资源的消长变化，提高森林经营水平，初步规划林业建设工程，为国家投资提供可靠信息的依据。

森林经营规划主要包括以下几个方面的内容：第一，确定森林经营方针、培育目标及主要措施；第二，确定森林经营类型，拟定相应措施；第三，规划森林合理采伐量、营林生产、木材生产、木材加工、综合利用及多种经营主要产品结构、工艺流程、设备配置、劳动组织和技术措施；第四，规划主要建设项目、建设规模、建设工期；第五，规划主要技术经济指标、进行生产建设经营总概算及效益分析。

森林经营具有周期长、见效慢、地域广的特点，因此在制定森林经营规划的过程中，必须处理好近期建设与长远规划的关系、营林生产与森林采伐的关系、林业生产与基本建设的关系，以及经济效益与生态效益、社会效益的关系等。

3．木材生产规划

木材生产规划是在确定森林采伐量的基础上，从伐区和木材生产的工艺流程入手，对木材采伐、集材运输、储存等项活动，在主要产品数量、结构、规模、生产方式、工艺流程、设备配置、劳动组织和技术措施以及生产的时间、地点、成本、费用等方面进行详细的部署安排。

4．林业企业总体设计规划

林业企业总体设计规划是林区规划的组成部分，是开发性的规划。它是以国有林业局、国有林场为规划对象，根据党的路线、方针、政策，结合我国林业发展的实际情况，从森林保护、培育、发展和合理利用林业资源等方面出发，对林业企业开发建设的总体布局、森林经营、森工生产和基本建设，因地制宜地进行全面部署和安排。林业企业总体设计包括新建企业总体设计和老企业改扩建设计。

林业企业总体设计主要解决以下几个方面的问题：①保护森林，发展林业，把林业企业建设成为社会主义林业基地；②在党的方针政策的指导下，充分发挥林业的多种效益，在满足国家建设和人民生活对森林需要的基础上，实现越采越多、越采越好、青山常在、永续利用；③积极发展木材综合利用，充分合理地利用森林资源，不断提高森林资源利用率；④确定林业企业的生产建设规模、经营区划、运输类型、衔接点位置、开发顺序、建设布局、组织机构和建设投资等。总的来说，林业企业总体设计，既要保证国家对木材和林产品的需要，又要充分发挥林业的多种效益，同时还要考虑森林的永续合理经营；既要解决经济上的要求，也要考虑今后的发展；既要对生产和建设进行设计，也要对林区人民的生活做好全面安排。

林业企业总体设计是开发新林区、建设新企业、改造老企业的重要环节，它对林业企业能否按照党的路线、方针和政策进行生产和建设最大限度地发挥森林在国民经济建设中应起的作用，不断满足国家社会主义建设和人民生活对木材和林副产品日益增长的需要有着极其重要的作用。它是林业企业实现合理采伐、合理布局、长期经营、永续作业、合理利用和不断增加林业资源的关键环节。

林业企业总体设计的内容包括企业生产建设和林区社会建设两方面，其中企业生产建设方面的主要内容有：森林经营，木材生产、木材加工、综合利用和多种经营项目的生产规模、产品方案和工艺流程、局场（厂）址、储木场、林区道路、各种公用工程和附属工程的建设，主要设备、材料需要量；组织机构与职工人数，建设资金、建设项目实施安排，财务分析和经济效益计算及综合评价等。社会建设方面包括的主要内容有政权建设、文教卫生、商业贸易、农副业生产、地区交通以及社会福利和服务性行业等建设。

四、平原林业规划设计工作

我国平原地域辽阔，主要有松辽、华北、淮北、江汉、太湖、洞庭和成都七大平原。全国有平原、半平原和部分平原县 918 个，其中平原县 663 个，人口 3 亿，耕地近 4000 万平方公里，是我国主要的农产区。我国平原面积约占全国国土总面积的 12%，如果把一些盆地和小片平原都计算在内，大约占全国国土总面积的 25%。

（一）我国平原林业的发展

我国平原地区分布广，自然条件差异大。大部分平原地区交通便利、经济文化发达、劳力多、水肥条件好、林木生长快，是组织社会主义大农业、发展速生丰产林的新基地。而地处寒温带的东北、华北平原，在严寒、风沙侵蚀的自然条件之下，农业、牧业生产不稳定、单产低，人民生活水平低，人们的生存条件也受到一定的影响。为了解决这些问题，中华人民共和国成立后不久，林业工作者就从促进生态平衡、改善生态环境的愿望出发，在无林少林的晋、冀、鲁、豫、皖北、苏北等平原地区，迅速建起了大面积的以网、带、片、点相结合的分布比较均匀的人工林体系，在荒滩及部分农田，营造速生丰产林，并辅以林粮间作。林副并举，开创了平原造林的历史。

中华人民共和国成立70年来，我国平原林业有了很大的发展，平原绿化活动已遍及全国各平原地区。绿化给平原农业带来了丰牧，开辟了材源，活跃了农村经济，农民增加了收入。

中华人民共和国成立初期，林区工作方针中的"重点造林"主要是开展平原地区的沙荒造林，旨在覆盖沙荒，固定流沙，保护农田。当时列为全国沙荒造林重点的有陕北、豫东、冀西、永定河下游、东北西部、内蒙古东部以及沿海一些风沙灾害严重的地区。林业部在许多地区设立了沙荒造林局，树立样板，总结经验，指导全面，平原绿化有了一定的发展。例如，河南省只用了3年时间，就营造起5条总长520公里的豫东沙荒防护林骨干林带，造林面积4.7万平方公里，加上群众在田头、地边植树，有效地固定了流沙，使53万平方公里农田得到保护。许多平原地区农业生态系统开始由恶性循环转向良性循环。与此同时，非沙区的广大平原地区也积极响应政府的号召，大力开展植树活动，绿化院落和村庄。1855年，随着农村合作化运动的开展，沙荒造林和各地零星植树规模不断扩大，组织起来的农民利用村旁隙地营造的小片林增多，造林质量不断提高。山西省夏县从绿化村庄发展到绿化水路和公路。林业部及时总结了夏县的经验，推广到全国，使"四旁"植树活动在各地广泛开展起来。

《1956年到1967年全国农业发展纲要（草案）》（以下简称《纲要》）的实施，揭开了我国平原地区大搞"四旁"绿化的序幕。《纲要》要求各地"在一切宅旁、村旁、路旁、水旁，只要是可能的，都要有计划地种起树来"。从此，平原绿化的重点开始由沙区转到农业腹地，由以往的"宅旁""村旁"零星植树逐渐向"路旁""水旁"成行连带造林发展，形成护田林带和平原绿化的雏形。从1956年《纲要》公布到1977年全国第一次平原绿化会议召开，其间经历20多年，平原林业经历了曲折的发展道路，几度起落，多次受挫折，但还是向前发展。平原林业的发展，不仅保障和促进了粮食生产，还广开了材源和柴源，为民造了福，为国分了忧。70年代后，各平原地区"四旁"植树有了起色，绿化的地域逐渐从"四旁"扩展到大田，个别县的林带建设已发展成为方田林网的格局，农林部及时召开了"四旁"绿化和农田林网化现场会，推广先进经验，从而推动了全国绿化事业向农田林网化的方向发展。

"文革"以后，特别是党的十一届三中全会以后，随着农村经济体制改革的深化和科学技术的进步，平原地区的林业建设得到了迅速发展，已成为农村经济中的一项基础产业，进入了蓬勃发展的新时期。到1991年年底，平原地区农田防护林体系建设进展顺利，林网化耕地占平原耕地面积的60%以上，约占适合农田林网面积的73%。农林间作面积约占适宜间作农田面积的66%，森林覆盖率12%以上。到1992年年底，全国918个平原县中已有 603 个县（旗）达到了林业部颁发的平原绿化标准，继山西、北京、河南后又有湖南、广东实现全省平原绿化达标，全国已有 2/3 的平原、半平原和部分平原县实现了绿化达标。

（二）发展平原林业的意义

林业是国民经济的重要组成部分，而平原林业又是林业的一个组成部分，大力发展平原林业，具有重要的意义。

1. 发展平原林业，可以改善平原地区的生态环境，提高抵御自然灾害的能力。比如，可以有效地改善农田小气候、防御干热风、防风固沙、保持水土、改良盐碱地、增加粮食产量。

2. 发展平原林业，可以优化平原农区的产业结构，发展地区经济。比如，可以较好地处理林牧结合关系，开展多种经营。

3. 发展平原林业，可以解决部分燃料和用材，缓解平原农区木材和燃料的供需矛盾。

4. 发展平原林业，还可以改善平原农区人民的生活，增加群众收入，提高生活水平，解决部分就业问题。

总之，发展平原林业，可以为平原地区的经济发展带来明显的经济、生态和社会效益。

（三）进行平原林业规划设计的必要性

平原林业包括各种防护林、各种农林间作、速生丰产用材林、经济果木林、村镇绿化林及风景林等，由网、带、片、间、点交错组成。它们之间既互相联系、相互依存，又相互制约，构成一个完整的综合体，发挥着整体防护功能。

平原林业的功能在于改善生态环境，优化生产条件，保障农田稳产高产，缓和木材供求矛盾，增加生物总量，提高经济效益。不论平原林业的林种、类型如何，其整体功能是一致的。但平原林业比较分散，在整体上以生态防护功能为主的前提下，各组成部分又有各自的功能。任何一个林种和类型均有不同的要求，如农田防护林的功能是保护农田免受自然灾害的侵袭，要求最大限度地削弱风速，因此整个林带断面要成稀疏结构；防风固沙林的功能是阻沙固沙，它的林带应采取紧密结构。影响平原林业体系功能的主要因素是结构组成，结构科学合理则整体功能大，反之则小。要想充分发挥平原林业体系的最佳整体功能，必须根据平原地区不同的地域条件、经济特点、生态要求，科学地规划安排平原林业的发展，合理布局和科学配置平原林业的组成和结构，建立多层次、多用途、多功能的主体林业结构，使其既能最大限度地改善生态环境，同时又能最大限度地提高经济效益。

平原林业用于绿化的土地归多个部门管理，林业发展具有社会性。发展平原林业，需要多部门参加。为使平原林业体系结构合理，整体防护功能最佳，林业生产活动避免盲目性，必须对平原林业的各项活动因地制宜地进行统筹安排，有效地进行平原林业的宏观调控和微观管理，协调好平原区农、林、牧、副、渔各业的发展，不断提高劳动生产效率和综合利用率，坚持造林绿化的长期性和连续性。

平原林业虽然有了很大的发展，但在建设中还存在不少问题，如平原林业发展不够平衡、体系不健全、树种单一、病虫害严重、资源管理混乱、经营管理粗放等问题、这些问题均有待进一步研究解决。为指导平原林业健康顺利发展，必须对平原林业的各项活动统一部署、合理安排，协调好农林牧各业的关系，逐步解决平原林业发展中的各种问题，使平原林业发展再上一个新台阶。

（四）平原林业规划设计工作的内容

我国平原地域广阔，过去由于受"山区种树，平原种粮"的思想束缚，忽视了平原林业的发展，造成平原地区"四料"，即木料、燃料、饲料、肥料具缺；农田受自然灾害侵袭严重；防护林的绿色屏障作用没有受到应有的重视。但是，随着近年来林业的发展，平原林业的发展和规划逐渐受到重视。

平原林业规划设计的目标是保证平原林业发展的科学化、合理化、规范化，推动平原造林绿化健康稳定地发展，争取平原林业再上新台阶，缓解我国林业危机。

平原林业规划设计工作的主要内容，包括确定平原林业经营方向，安排平原林业的发展规模和经营模式，确定平原林业的组织形式及经营措施。我们常进行的平原林业规划设计主要是平原造林绿化规划。

平原造林绿化规划就是在发展农业的平原地区有计划地安排植树造林活动，包括四旁绿化、农田林网化、农林间作和成片造林。具体地说就是在铁路、公路两旁（路旁），江河、湖泊的堤岸，较大的排灌渠两侧，池塘、水库周围（水旁），村庄内部和周围（村旁）以及社员的房前屋后（宅旁），都有计划地按规划栽起树来，这就是四旁绿化。结合农田基本建设，把规划好的田块，沿边缘、沿田间的各便道和排灌渠，按规划质量栽起树来，形成田间林网，这就是田间林网化。在适宜农林间作地区，要有计划地安排农林间作。不适宜农作的土地和社队指定用于植树造林的土地，营造起用材林、防护林、经济林或薪炭材，这就是成片造林。

全面完成四旁绿化、农田林网、成片造林和农林间作，在广大平原地区建一个带、网、片相结合的防护林体系。这种人工营造的防护林体系，是自然环境的组成部分，是人工控制生态环境的一种手段，能获得多方面的效益，如改善环境条件、增加生物量、提供用材、改善木材生产布局、解决农村能源缺乏、增加绿肥补充肥力不足、提供其他林病产品等。总之，社会主义大农业是农林牧结合而成一个整体，不是单一的农业经营。从生态系统的观点来看，建立完整的防护林综合体系是我国平原林业发展的趋势。

五、农林牧复合区林业规划设计工作

随着人口的剧增，出现了粮食、能源和环境的危机。粮食、牧草种植面积的不断扩大，许多地方毁林种粮、弃林从牧的现象十分严重，带来了许多生态问题，同时也导致农林牧业之间相互争地的矛盾日益加剧。如何解决这一矛盾是摆在林业工作者面前的一个重大问

题。多数林学、农学专家认为，最有效、最实际的办法就是将农林牧有机地结合起来，建立起生产力高、综合效益大的林农牧复合经营系统。林业规划设计尤其是农林牧复合区林业规划设计充分体现了这个观点。从区域上来看，林业规划设计除了要做好林区、平原区林业规划的设计工作外，还要做好半山区（浅山区、丘陵地区）的林业生产经营规划，科学合理地部署安排这些地区的各项林业活动，对满足国民经济的需要，提高该区人民的生活水平有重要意义。半山区（浅山区、丘陵地区）具有农林牧交错、交通闭塞、人口密集、文化生活落后等特点，因此，农林牧复合经营是该区农业综合发展的必由之路。具体来说，应做好该区的林业规划设计工作，并根据该区特点及发展需要科学合理地安排各项林业经营活动，使农林牧复合系统结构最佳，发挥巨大的经济、生态和社会综合效益。

（一）农林牧复合区的概念

农林牧复合区是一个土地经营区域，是指主要采用农林牧结合的经营方式，将不同的作物、树木及草类在时间上、空间上、品种上合理搭配，最大限度地利用土、壤、阳光、水分等自然条件，使人力与自然力有机结合起来，以获取尽可能大的生物量和尽可能高的生态经济效益的一定空间集合。

经营农林牧复合区域主要应考虑以下几个方面的因素：首先，它是以生态特征界定的自然区域，由各项生态因子综合决定，各区域间差异很大。其次，它是一个经济区域，其经营目标必须服从于社会经济发展的要求。人类进行有目的的投入，最终要以社会生产力的形态表现出来。最后，由于受行政区划的约束，农林牧复合区具有明显的行政区域特征，因此应适当考虑当地行政界限。

（二）农林牧复合区的特征

1. 自然地理特征

林农牧复合区多数分布在丘陵半山区、浅山区。一般来说，这些地区的地势地貌比较复杂多样。比较显著的特点就是溪河纵横，水利资源丰富；在垂直地域上，主要的气候要素变化大，如湿度、温度变化比较明显；山地多、耕地少，这些耕地主要分布在高度不同的溪河两岸、山间谷地、溶蚀洼地或山坡上，而且面积小，不利于耕作。这样也就增加了该区农业生产的复杂性。

对林农牧复合区进行规划时，必须对该区的自然地理条件有比较详细的了解，这样做出的规划才具有科学性、可行性。林农牧各业都依赖于自然条件，如气温、地势、地貌、湿度、降水量等，这些自然条件都是生物生长必不可少的条件。因此，在进行林业规划设计时必须认真分析该地区的自然地理特征，因地制宜地规划农林牧各业的发展。

2. 社会经济特征

首先，必须清楚农林牧复合区属于农林牧交错地带，该区的自然条件决定了该区对农林牧各业都有一定的适应性。但是，搞单一的经营在该地区是行不通的。因此，对各业发展比例关系的安排是进行林业规划设计的先决条件，同时还要处理好国家、集体、个人三者之间的关系。这些关系处理的好坏直接影响该区人民的物质文化生活水平，同时也影响该区的经济发展，从而影响整个国民经济的发展。

其次，农林牧复合区人口的分布密度比较大，这些地区交通闭塞、信息不畅、文化教育落后、人口素质不高，这些特点都是造成经济落后的根源。同时，单一的生产也是造成贫穷的一个重要方面。因此，在进行林业规划设计时，必须从实际出发，考虑该地区的具体社会经济情况和特点。

3. 生产经营特征

（1）复合性。复合性就是将农、林、牧各业的生产经营类型有机地结合起来形成的一种土地利用技术制度。这种农林牧复合经营是使农林牧各业在水平空间和垂直空间，以及时间序列上合理搭配，充分利用土地生产力、太阳能资源和人力资源，以尽可能少的投入取得一定的经济效益、社会效益和生态效益。它既发展生产，又保护环境。

（2）系统性。农林牧复合区的系统性是指人们在研究自然生态系统的基础上，充分考虑各业之间的关系以及各业内部之间的关系；同时，也考虑复合区与相邻地区的关系以及复合区在整个国民经济中的地位和作用，人工建立起来的一个巨大的生态经济系统。

其经营目的明确，主要是充分发挥系统的总体功能，从而获得综合效益。

（3）经济结构的复杂性。由于农林牧复合区位于涉及自然因子比较多、社会经济条件复杂的地区，因而导致经济结构的复杂性。复合区不仅包括农林牧各业，还包括商业、饮食、服务等行业，各行各业在提高人民物质文化生活水平方面及满足整个国民经济需要方面都占有一定的位置，对任何行业都不能忽视。因此，在对农林牧复合区进行规划时，必须考虑经济结构的复杂性。

（三）农林牧复合经营的类型

农林牧复合经营具体可分为以下几种类型：

1. 水平镶嵌复合经营

这种复合类型是群众在长期实践中总结出来的一种经营类型，主要是根据具体的地理、土壤、水热条件，种植适合该条件的作物及树木，在水平方向上互相套种的一种经营方式。例如，人们为了解决吃饭问题，一般在水源充足、土壤肥沃的平坦地区均以粮食生产为主，在坡度较缓的地区种植旱田作物，在比较陡的山地、沟渠从事林业生产（主要种植水源涵养林）。这样大片的树木涵养了水源，保持了水土，保护了嵌合的水田和旱田作物免受各种灾害，从而提高粮食产量。"适地适树"也体现了水平镶嵌复合的要求。

2. 空间立体复合经营

由于复合区大片田少，其中某些局部地方更是良田无几，经营方针以林为主是必然趋势。但考虑到林业生产周期长、取得经济效益慢，所以在同一块地上，在进行林业生产的同时，会立体地布置速生作物的生产，这样可以做到以短养长、长短结合。空间立体复合经营提高了复种指数，充分利用了土地生产力，提高了太阳能利用率，丰富了复合区的经济活动，是农林牧各业生产有机结合的一种切实可行的形式。这种空间立体复合形式可根据复合区不同的自然、经济条件具体分为农林复合型、林牧复合型、林渔复合型、林农渔复合型、林副复合型等几种类型。

3. 时间连续复合经营

这种类型在南方比较普遍，如南方可以种植小麦、水稻三季收获。

这种分类是生态学原理在时空安排上的应用，将复合区组成不同的系统进行综合经营管理，使之发挥最佳的经济、生态和社会效益。

（四）农林牧复合区林业规划设计工作及应注意的问题

农林牧复合区林业规划设计是在确定了区域内农林牧各业发展比例关系的基础上，根据该区域的自然、经济、社会、技术条件和发展需要，因地制宜地安排区内不同区域林业的经营方向、复合经营类型、经营规模、经营品种、经营措施等，充分利用各种条件合理配置各生产要素，不断协调农林牧及各业的关系，调整和优化农林牧复合区的结构，充分发挥农林牧复合系统的整体功能，以达到最佳的经济、生态和社会效益。

农林牧复合区规划中涉及的问题很多，必须认真研究解决。

首先，应明确林权、建立完善的林业生产责任制。在进行林业规划设计过程中，必须明确林木、林地的所有权和经营权，认真贯彻谁造谁有、合造共有、林随地走等林业政策；同时要建立完善的林业生产责任制，明确责、权、利关系，充分调动各方面发展林业的积极性，促进农林牧复合区林业健康、快速地发展。

其次，要协调好农林牧三者之间的关系。坚持农林牧相结合，林业为农牧业服务的原则。林业建设的目的是为农牧业的发展服务，同时农牧业反过来为林业提供经济条件。在该区发展林业要符合该区实际，不能脱离该区的实际情况去发展林业。如果脱离该区的实际情况去搞林业，不仅会给林业的发展带来困难，同时也会影响农牧业的发展。因此，要协调处理好农林牧三者之间的利益关系。

最后，要进行必要的经济扶持，多方集资，发展林业。经济发展水平对林业的发展有着强大的制约作用。目前，我国经济状况处在一个非常时期，国家对林业的投资极其有限。在这种情况下，除了要认真执行国家扶持林业的政策外，还要广泛动员该区社会各方面力量发展林业，对林业所需的资金，应采取多方集资的办法来解决，依靠与农牧业的紧密结合发展林业，逐步增强积累能力。

第二章　我国林业统计调查体系

第一节　相关概念及理论基础

一、林业统计调查体系的相关概念

（一）林业统计的内涵

林业是国民经济和社会的重要组成部分，肩负着优化环境和促进发展的双重使命，是一项兼有生态、经济和社会效益，集第一、二、三产业为一体的基础产业和社会公益事业。林业统计作为林业部门的一项基础工作，是林业工作中的重要组成部分。它是研究林业经济现象和过程的数量，具体表现为林业经济活动的规模、水平、速度、结构、效益和比例关系等等。它通过搜集、整理、分析来反映林业经济现象的数量状况和特征，进而认识林业经济现象的本质及其规律性。林业统计必须综合反映林业生态建设和林业产业建设的成果。林业统计总是先从现象的质量分析中获得需要考察的指标，建立指标体系；然后开展调查研究、处理数据、归纳结果；再结合现象的数量分析，得出符合实际情况的结论，作为行动决策的依据。

（二）林业统计调查的内涵

所谓统计调查包括两个方面：一是对原始统计资料的收集。所谓原始统计资料，是指向被调查者直接收集的，尚待汇总整理，需要由个体过渡到总体的统计资料。二是对已经加工过的统计资料进行收集。这两个方面的统计调查，具体目的和方法有所不同。《中华人民共和国统计法》中所说的统计调查，主要是指前者。

所谓林业统计调查，是指林业统计部门按照法定的程序，依照科学的统计指标体系和科学的调查方法，有组织、有计划地收集反映林业经济现象的数量状况和特征的统计资料的统计活动。

（三）林业统计调查体系的内涵

所谓林业调查体系是指各种不同的调查方式和相应的调查方法所构成的统计调查方式

和方法的综合体。统计调查方法指的是搜集调查对象原始资料的方法，也就是调查者向被调查者搜集答案的方法。统计调查方法按组织方式可分为统计报表制度、普查、抽样调查、重点调查、典型调查五种。

林业统计调查体系是指在林业统计调查过程中采取适当统计调查方式，合理利用统计调查方法，按照设定的指标及指标体系获取林业统计信息的全过程；是一个系统的概念。

二、一般系统论

关于"系统科学"目前尚没有一个权威性的统一定义，人们倾向于认为系统科学是以系统现象、系统问题为研究对象的学科。系统科学的哲学基础是系统观；系统科学的基础科学层次是正在形成的系统学；系统科学的技术科学层次有：一般系统论、信息论、控制论、混沌理论、协同学理论、突变论、耗散结构理论等。

（一）系统的概念及特征

1. 系统的概念

所谓系统是指"具有相互关系的部分的总体"或者"相互关联的元素的集"。中国学者钱学森把系统定义为"由相互作用和相互依赖的若干组成部分结合成的具有特定功能的有机整体"。在系统论中系统指的是"相互作用着的两个以上的要素所组成的具有一定功能的有机整体。任何系统又往往是另一更大系统的组成要素"。系统论"笼统地讲是研究一般系统的理论"，是研究系统的一般模式、结构和规律的学问。它研究各种系统的共同特征，用数学方法定量地描述其功能，寻求并确立适用于一切系统的原理、原则和数学模型。

在系统定义中包括要素、结构、功能三个概念，表明了要素与要素、要素与系统、系统与环境三方面的关系。系统论认为，整体性、关联性、等级层次性、动态平衡性、时序性等是所有系统的共同的特征。这些既是系统论所具有的基本思想观点，也是系统方法的基本原则，表现了系统论是反映客观规律的科学理论，具有科学方法论的含义。按照系统论的观点，系统无处不在，任何一个真实意义上的存在都是系统，都可以用系统的方式加以解释。

2. 系统的特征

在系统科学研究中，作为一个复杂整体而存在的实体，具有多元性、集合性、相关性、整体性、适应性、等级层次性、动态性、目的性、生命性等特征。其中，主要有整体性、关联性、等级层次性和动态平衡性。

第一，整体性。贝塔朗菲强调，任何系统都是一个有机的整体，它不是各个部分的机械组合或简单相加，系统的整体功能是各要素在孤立状态下所没有的性质。某些要素的性能好，不能说明系统是合理的，不能以局部说明整体。但是如果某些要素的性能并不良好或者已经不具有相应的潜力，那么势必会影响整个系统的稳定。另外，系统中的各要素并不是孤立地存在着，每个要素在系统中都处于一定的位置，起着特定的作用，要素之间相互关联，构成了一个不可分割的整体。如果将要素从系统整体中割离出来，它将失去要素的作用，"就会导致系统总体的崩溃"。因此系统不是各要素的简单组合，而是有机统一的，各组成部分或各层次的充分协调和连接，可以提高系统的有序性和整体的运行效果。

第二，关联性。系统中相互关联的部分或部件形成"部件集"，"集"中各部分的特性和行为相互制约和相互影响，不可能存在一个部分与系统中的其他部分毫无关系。

第三，等级层次性。系统的等级层次表现在系统下面还有很多的子系统。另外，系统有深层结构和表层结构之分，系统中的根本制度是深层结构，具体运作体制是表层结构。深层结构往往制约或决定表层结构，表层结构反映（包括反作用于）深层结构。深层结构比较稳定，表层结构容易改变。

第四，动态平衡性。系统演进通常是不平衡的发展过程，系统和包围该系统的环境之间通常会有物质、能量和信息的交换。外界环境会引起系统内部某些要素性能发生改变——消失、降低或上升，相应地引起系统内各部分相互关系和功能的动态变化，从而使得系统本身由于功能的不断改善，实现平衡发展。这种衰谢和合成的持续过程调节能使要素与系统大致恒定地保持一种相对稳定状态，因此系统是在动态中形成平衡的。

（二）系统论的基本原理

系统论是以系统及其机理为研究对象，研究系统的类型、一般性质、运动规律及演化机制的理论。它主要包括以下两个方面的基本理论：

1. "整体大于部分之和"原理

贝塔朗菲说"整体大于部分之和"，其含义不过是指系统的组合性特征不能用孤立部分的特征来解释。因此系统与其组成要素相比，具有其组成要素所不具有的功能和特征。"整体大于部分之和"用一种比较隐喻的方式表达了系统的整体性原理。整体性原理是系统论最重要的原理，它包括整体不可分原理、非加和性（非线性）原理、突现性原理、等级层次性原理。

（1）整体不可分原理

对于有机体来说，系统的要素不论是否能够独立，都只有在整体中才能体现出部分的意义，因此有机体具有很强的整体不可分性。要素一旦离开整体便立即失去其作为整体之部分的特性和功能。也就是说处于系统联系中的部分与把它从系统中分离出来有"活""死"的质的区别。例如，长在身体上的胳膊和被砍下来的胳膊，二者之间存在着质的区别，一个可以写字、运动；另一个仅仅是个肢体而已，丧失了写字、运动的功能。

（2）非加和性（非线性）原理

由整体不可分原理可知，系统不可分，那就意味着加和性条件不成立，而系统的整体性关键在于组成系统的各部分之间的组织性，即组成系统的各部分之间的相互联系、相互作用，而且它们之间具有复杂的非线性关系和作用。一旦部分和整体分离，便不能复原或不能完全复原。系统越复杂，系统内部的联系越紧密，非线性关系越占主导地位。例如，中国的俗语"三个臭皮匠顶个诸葛亮"，三个臭皮匠加起来还是三个臭皮匠，如果把三个臭皮匠看作一个整体，那么由这三个人组成的整体的智慧会大于线性加和的三个臭皮匠。

（3）突现性原理

突现性是系统具有整体性的最明显的标志和判据，它表明系统整体具有组成它的要素及要素的总和所不具有的性质和特点。系统的整体突现性强调系统总体具有部分所不具有的特性和功能，因此了解部分并不代表了解了系统。同时系统规模越大，结构越复杂，整体超过要素性能之和的性能越多。在形成整体的过程中，伴随着突现现象出现的是简并现象，即要素构成整体时，会丧失部分特性和功能，或要素的某些特性和功能会被遮蔽或压抑。

（4）等级层次性原理

层次性是系统的一个重要特征。系统的层次性是由整体的突现性决定的。要素与系统处于不同的层次，这样一层一层组合成越来越高的系统。系统的层次性突出了部分与整体之间的质的差异，强调了系统高层次向低层次的不可还原性。

2．功能耦合原理

具有整体性的系统内部都有保持自身稳定性的机制，即系统受到干扰后，能够通过系统内部的调节机制，"自动恢复"稳定态。一切具有自我调节功能的整体系统，其各个组成部分是相互依赖、相互作用的，使其中各个子系统形成功能耦合。系统的有机性越高、整体性越强，这种功能的亲合度就越大，形成的系统就越稳定。对于已经形成功能耦合的系统，每个环节都有它的重要意义。某一环节脱节，系统活动就会中断；某一环节薄弱，即成"瓶颈"，就会影响整体的功能和效应。

3．协同学理论

协同学理论是由联邦德国的哈肯于1969年创立的一种系统理论。协同学，即协同工作之学。协同学主要研究由不同性质的大量子系统所构成的各种系统，研究这些子系统是通过怎样的合作才在宏观尺度上产生空间、时间或功能结构的协同。

哈肯通过对激光的研究总结出一般性的结论，提出系统在宏观上的性质和变化特征是由子系统之间的不同关联和协同方式所决定的。尽管不同系统中的子系统千差万别，然而它们在非平衡相变的演化过程中却遵从着相同或相似的微分方程。由此得出相变过程与子系统的性质无关，而是由子系统之间的协同合作行为所决定的结论。哈肯还提出了一个重要的概念——序参量，协同学通过引入序参量并建立序参量方程来处理自组织问题。所谓序参量，是描述系统有序度或宏观模式的参量，序参量能提供复杂系统整体联系的"有关信息"，一个复杂系统可以仅用一个或几个序参量就能描述其有序状态及其变化模式，如当系统无序时，序参量为零。抓住了序参量也就找到了系统演化的本质，其他的细枝末节可以省略，这样可以降低系统的复杂性，把注意力集中到系统的主要关系上。哈肯还通过严格的数学证明，证明了协同学中存在支配原理，即系统中快变量受慢变量的支配，慢变量在系统中起主要作用。慢变量即序参量，快变量即非序参量。因为系统在达到临界点时，慢变量迅速增长，加剧系统的不稳定性，使系统偏离原来的稳定状态，并引导其进入新的状态，形成新的结构。因此，支配原理在协同学中起核心作用。同时，哈肯还认为在很多交叉关系中都有混沌运动的出现。

协同学是非线性科学的重要组成部分，它给出了系统自组织形成和发展的规律性的认识和方法，较一般系统论和耗散结构理论的定量化程度要高。协同学的序参量支配原则在减少变量和简化模型方面具有重要的指导意义，寻找序参量，并建立序参量的微分方程是解决系统问题的关键。

三、系统分析理论

对系统分析的概念，国内外学者有不同的描述。系统分析是指从系统的概念出发，遵循系统的观点，采用各种分析方法和工具，对系统进行定性和定量分析，以寻找向决策者提供解决问题的整体最优化的科学方法。

从系统分析的概念中可以看出，系统分析的主要目的就是为决策者提供解决问题的备选方案。各种系统千差万别，不同的系统决策时的具体情况也很不相同，但作为决策者必须清楚，为什么要进行决策。没有明确的目标就无从决策，决策时要选择最优方案。而要选择最优方案，必须了解备选方案的优缺点，并对备选方案进行对比评价，从中选优。最优方案选出后，还要了解如何去实施方案等等。系统分析所提出的问题，正是决策者要搞清楚的问题。

系统是由内部结构要素组成的，并在外部环境的作用下生存。因此，系统的功能和目标受结构要素和内部环境因素的影响。所以，在拟定和建立系统方案时，在进行系统分析时，要研究各要素的特点、功能以及它们之间的相互联系和作用方式，把握住系统的结构。同时，还要对影响系统目标的因素进行分析。

影响系统的因素主要包括决策性因素和限制性因素。决策性因素是直接影响系统目标和指标数值的因素。限制性因素是通过对决策性因素的直接限制而间接影响系统目标和指标数值的因素。

（一）系统环境分析理论

一个系统的环境可以看作更大系统的一个子系统，一个子系统又可以从更大系统中分出来，成为一个独立的系统，原来那个大系统剩下的部分就成了环境。

系统与环境是相互依存的。不管问题多么复杂，都要对问题的环境进行了解，这是首先要做的。只要对整个问题环境了解掌握，并分析合理，才能实现对问题方案解决的完善。否则，将导致对问题方案解决的失败。因此，对系统环境进行分析，了解系统与环境的关系，认识环境因素的影响程度，是系统分析的一项重要内容。通过系统环境分析，从而达到目标明确、结构合理、功能协调的目的，为系统的整体化提供环境依据。

从系统论的观点考察，全部环境因素主要包括四大类：第一类是自然地理环境因素，第二类是科学技术因素；第三类是社会经济环境；第四类是人的因素。对上述四类环境因素的研究和取舍中，主要看这个环境因素对系统的影响程度，采取抓主要矛盾的方法，也就是要抓住对系统的输入输出有较大影响的环境因素。

（二）系统目标分析理论

系统目标是对系统的高度抽象和概括。系统目标是否正确，关系系统的全面问题，并直接影响系统的发展方向和系统内部运行。

进行系统目标分析的主要内容：首先要论证系统目标的合理性、可行性和经济性；其次要取得各个层次的目标分析结果，也就是要追求正确的目标集。所谓目标集是各级分目标和目标单位的集合。因为总目标一般不很具体，因此，必须要进行总目标的分解，也就是把总目标分解为若干个子目标，还可以进一步分解子目标，直到子目标具体直观为止。通过目标集的建立，明确了各个时期内整个系统的总体目标和各个组成部分的分目标，为各步工作提供评价标准，以便达到以总体目标为中心，各组成部分的活动相互联系、有效协调的有机整体。

在分析系统目标时要注意以下几点：一是系统目标的确立要合理；二是确定的目标应该是稳妥的；三是目标必须明确。

（三）系统结构分析理论

任何系统都是以一定的结构形式存在的。正由于系统存在的结构形式，才使得组成系统的各个要素能够充分发挥自己的功能，从而获得最佳的整体功能。所以对于一个系统来说，必须有一定的结构形式。否则，就不能发挥系统要素的功能作用，因为系统结构决定系统功能。

系统结构分析主要包括系统要素集的分析和系统各要素之间相关联的分析。

所谓系统要素集的分析，是指因为系统内新的要素不断出现，不同的要素有不同的功能，这些要素能否达到系统特点功能的要求、能否完成系统的确定目标、要达到系统总目标所具有的系统作用、还需要哪些要素等等，对这些要素的分析是系统要素集的分析。系统要素集的选择，要根据系统目标来选择，选择那些最适合达到系统目标要求的要素来构成系统的要素集。选择这样的要素集是比较合理的。

但是，合理的要素不一定是最优的，因为还有许多相关联的环节，所以还要进行系统相关性分析。

（四）系统层次分析理论

系统层次性是事物存在的客观规律，是系统存在的一种普遍结构形式，从大的宏观社会经济系统到小的微观的原子系统，都存在着层次性的结构。

系统层次性分析的主要目的，是解决系统结构和层次规律的合理性问题。系统层次是否合理，关系系统中人、财、物的功能能否正常发挥，关系系统整体目标的实现。所以，我们要经常研究系统的层次性及其组织结构形式状况，及时调整不合理的结构形式，保证系统目标的顺利实现。

在进行系统层次分析时，一般采用系统层次分析法。就是首先把系统层次化，根据系统的性质和总目标，把系统分解成不同的组成因素，并根据其相互关系以及隶属关系划分成不同层次的组合，构成一个多层次的系统结构模型，最后计算出最低层的诸因素相对于最高层的相对重要程度，从而确定诸方案的优劣排序。具体来讲，就是对一个复杂的系统问题，首先按目标、准则、方案分层次理顺关系，再把方案进行两两比较，评定分数；然后进行综合评价，排除方案对目标的优劣排序；最后以此作为决策的依据，选取较满意的方案。

四、系统场控理论

（一）系统场的概念与特征

1. 场与社会场的概念

"场"的概念最早产生于物理学中，是人们对客观世界物质存在形式认识上的一次飞跃。在物理学中，"场"是指某种物理量在空间的分布，具有标量特征的物理量在空间的分布是标量场，具有矢量特征的物理量在空间的分布是矢量场，如重力场、电场、磁场等。"场"的概念已应用于物理学领域，而且随着人们生产实践的需要，"场"的概念也在自然科学的其他领域渗透，结合数学方法，场论在自然科学的多个领域都有了广泛的应用。产生于自然科学中的"场"是一种实物场，但其概念、思想和研究"场"的方法在社会科学领域得到了一定的应用。"场"在社会科学领域的应用来源于人们对物质认识的深化，物质的概念不仅仅是人们已知或未知的任何有形的实物态物质，而且包括无形的、区别于实物态物质的，诸如社会价值观等的场态社会物质，称之为社会场。

2. 系统场及其特征

系统场是基于物理学中场的概念和思想，以观念意识、制度、政策法规等为场源要素构建起来的，目的在于控制和影响对象系统行为及效果的一种社会场。系统场作为一种社会场，它具有社会场的一般特征：在整个社会中弥漫了一种社会场态物质，即社会场，而不是存在绝对的社会虚空；任何社会场中都存在社会力，即社会场力或社会力；任何社会场都存在场力线，即社会空间是布满场力线的社会场；社会场在其运动、演化过程中表现出一种类似于人的意志，且不以社会元素的人或集团的主观意志为转移的行为特征，它对真正进入社会的人们而言，具有同化他们与由社会场决定的心态或人格系统相协调的"目的性"系统场除了具有一般社会场的基本特征之外，还具有其本身的特性，主要表现在以下几个方面：①系统特性。系统场的系统特性不仅表现为它以现实系统为作用对象，控制和影响系统对象的运行方式、运行效果及系统的发展与演变，同时要求作为场源的各个方面的构成要素，必须保持其系统性和全面性，以保证系统场的整体功能。②场性或场向特性。所谓系统场的场性是指对系统对象的导向属性，是系统场功能性质的规定性。在构建现实的系统场时，由于其所要控制的系统对象的类型和层次不同，价值取向差异，决定了系统控制的目标不同，往往表现为所构建的系统场的场性有所区别。例如，基于经济发展系统构建的系统场性多表现为经济增长的场性特征；基于生态环境系统构建的系统场性则更多地趋向于生态环境质量的改善与提高；而基于区域矿产资源开发生态经济系统这一更高层次的大系统来构建的系统场性，则会将资源开发—经济发展—环境保护的协调运行作为其系统场的场性表现。③构成场源要素的多层次性。构成系统场的场源要素很多，按照由低到高的层次划分，可以分为一级场源（政策法规类）、二级场源（制度类）、三级场源（思想、观念和意识类或文化类），这些不同层次的场源要素在场性和场向功能的确定中发挥着不同的作用。④场力的可叠加性。也就是说，不同的场源要素在特定系统空间内所产生的场力是可以叠加的，这种叠加作用将会导致总体场力的增强或削弱。

（二）多元系统场的作用方式

由于构成系统场的场源要素众多，而且这些场源要素又具有明显的层次性特征，因而这些场源要素对受控系统对象具有不同的作用方式。

1．串行模式或递进模式

这种模式表现为不同层次场源要素之间的作用关系，如三级场源、二级场源、一级场源之间的作用构成了一定的逻辑顺序关系。这种递进关系中某一场源要素的变化，不一定影响系统对象的行为和效果，因为场源要素之间的这种结构特点，使得某一场源要素场产生的影响力需要通过后续影响场的传递才能作用于对象系统，如果后续影响场存在"瓶颈效应"或"木桶短板效应"，则该影响场的作用力得不到传递或完全传递，从而不能改变对象系统的运行行为。

2．并行模式

这种模式主要表现为同一层次中的各个场源要素对场中对象系统的直接作用方式，如政策层次中的产业政策、技术政策、市场政策、资源政策等对资源开发生态经济系统的作用过程。并行模式中各要素影响场不构成逻辑顺序关系，它们分别从不同的层面作用于系统对象，它们各自产生的影响效果之和就构成整体的影响效果。并行模式是力量决定论，对系统对象影响力大的场，能产生加强的影响效果，成为主要的影响场；对系统对象影响小的场，则产生较小的影响效果，成为一般性的影响场。

3．交叉互动模式

这种模式既可以表现为同一层次内部各场源要素之间的作用，也可以表现为不同层次场源要素之间的作用方式。这些要素影响场相互促进或相互抑制，从而不断提高或抑制对系统对象行为的影响作用。交叉互动模式中，当某一影响场发生变化，会使场中受控系统对象的行为受到激励或抑制；同时，这一影响场的变化会促进另一个或另一些影响场发生变化，从而又导致对系统对象的影响发生变化。如此交互作用，不断影响场中受控系统对象的机制和行为。不同场源要素影响场之间的这种交叉互动作用是存在的，如制度和技术都是场源要素，它们的影响场之间就存在着明显的交叉互动关系。在一定的时间内，制度的创新能使技术创新呈线性轨迹成长，而技术创新的自源性成长却呈非线性成长，这两种方式的结合使技术创新以更快的速度成长。一般情况下，制度创新是阶段性的，即制度总是在一段时间内完成基本内容的创新，以后制度的完善是逐步的，这种情况使技术创新总体上呈现波动向上的运动趋势。

4．协同模式

协同模式是指构成系统场各场源要素的影响场之间共同作用于受控系统对象，由于各影响场之间的配套和协作，产生大于各影响场独立作用的效果之合，即 $I(x_1 + x_2 + \cdots x_n) > I(x_1) + I(x_2) \cdots + I(x_n)$。式中，$I$ 表示影响度。构成系统场的政策法规类要素、制度类要素和思想意识观念类要素之间的配套协同性，能够使得所形成的系统场场强增大和场力增强，实现系统管理和控制的目的。

第二节　中国林业统计调查体系发展现状及存在问题

一、中国林业统计调查体系的历史回顾

1．改革初期恢复全面统计报表制度

1978 年恢复成立国家统计局，建立了各级政府统计系统和各业务部门统计系统，运用全面统计报表来开展统计调查，各企事业单位都配置相应的统计人员。这种调查方法是与计划经济体制相适应的，较好地满足了当时政府计划管理对统计资料的需要。林业统计调查作为政府统计调查的重要组成部分，也实行计划经济条件下的全面统计报表制度。

2．20 世纪 80 年代至 1993 年，探讨抽样调查和普查制度

随着中国经济体制改革的逐步开展和社会主义经济体制改革目标的确立，经济形势和经济成分出现多元化，统计调查对象的性质变得日趋复杂，以单一的全面统计报表制度来收集统计资料遇到了各种各样的困难。在这样的背景下，林业统计调查方法和制度需要进行有效的改革，以适应市场经济体制的需要。由此，建立了必要的林业普查制度，扩大了林业抽样调查的运用范围，对原有的林业统计内容、统计报表制度进行了改革，推进了统计年报的"一套表"制度。

3．90 年代中期开始，中国全面推广运用新统计调查方法体系

中国 1994 年提出了建立"以周期性普查为基础，以经常性抽样调查为主体，多种调查方法综合运用"的新统计调查方法体系的目标，这就是中国统计调查方法整体框架的原则定位。与此相适应，林业统计工作基本建立和形成了普查制度体系和抽样调查体系。目前仍在探讨和研究新的"一套表"制度。

二、中国林业统计调查体系的发展现状

1. 统计基础工作规范化、标准化，需要健全一系列的工作原则、实施细则，统一原始记录。计算方法，即数据整理及统计台账、报表，抓好统计分析，信息反馈，数据科学管理，统计责任制工作等。目前，中国林业统计调查的指标含义、计算方法、分类目录、统计编码以及其他方面的统计标准，是由国家林业局统一制定的。

2. 目前中国林业统计调查指标体系从统计指标体系的框架，到统计指标的基本内容都重点突出经济指标，相对于林业科技、林业生态效益等方面的统计，其核算内容较为完善，核算的基础也较为扎实。尽管现行林业统计调查指标体系在为国民经济核算、政府决策、社会各界服务等方面都做出了很大的贡献，但仍存在着明显的缺陷，不能反映时代的变化。且在改革的过程中也只是修修补补，未能从长远发展高度上做出系统规划，落后于社会主义市场经济建设的需要。

3. 中国的现行林业统计调查方法与20年前相比发生了飞跃性的变化，从理论上讲，林业统计调查分为普查、经常性调查、一次性调查和试点调查。在实施过程中，由于中国林业统计工作的特殊性，林业统计调查依然按照上年的年报和定报数计算增长速度。

4. 随着统计信息对中国社会主义市场经济管理作用的增强，社会各界对数据质量给予了更多的关注，提出了更高的要求。而作为国民经济重要组成部分的林业，其统计数据质量的提高也取得了重要成果。主要表现在：

（1）在理论和实际部门中，对林业统计数据质量概念的界定从狭义转向广义。

（2）国家林业统计部门建立了主要林业统计指标数据质量的定期评估制度。

（3）在立法上也体现了保障数据质量的宗旨。

5. 市场经济体制的社会应为法制社会，《中华人民共和国统计法》和《中华人民共和国统计法实施细则》的颁布，已将统计主体与客体之间的业务往来关系界定为法律上的权利与义务关系。统计机构布置统计工作，要求被调查对象提供统计资料是法律赋予的权力，准确及时地提供统计资料是被调查对象的法定义务。国外经验证明，大凡统计信息质量可靠的国家，其统计活动的各个方面和各个环节均有比较完备的法律规范和保障。

6. 中国目前实现"统一领导，分级管理"的统计管理体制，建立了由政府综合统计系统和部门统计系统组成的集中统一的政府统计系统。国家统计局依法负责组织和领导协调全国统计和国民经济核算工作。国家统计局直属的城市社会经济调查队、农村社会经济调查队和企业调查队的统计业务由国家统计局垂直领导。县级以上地方各级人民政府统计机构，负责组织领导和协调本行政区域内的统计工作，受同级人民政府和上级政府统计机构的双重领导，在统计业务上以上级政府统计机构的领导为主。

7. 林业统计调查工作计算机化经历了两个阶段：第一阶段是用计算机操作代替手工作业。这一阶段的主要任务是依据现行的林业统计方法制度，大力普及推广应用微型计算机，

用计算机完成统计报表的录入和运算，计算机的利用率不高；第二阶段是逐步用较先进的计算机和网络通信技术装备统计系统，计算机应用着重于数据的集中处理和管理，在改造传统统计业务的同时不断开发新型的统计服务，统计工作的整体效能逐步得以提高。在这一阶段，由于计算机网络和通信技术的应用，从根本上改善了统计业务的工作环境，从而为林业统计调查工作创造了良好的客观条件。

三、与国外林业统计调查体系的比较分析

1. 林业统计调查管理体制的比较分析

各国政府注重林业统计的独立性、中立性和透明性。绝大多数国家法律规定，国家统计机构在业务工作上是独立的，统计工作不受政府干预，以排除各方面对统计数据的干扰。在法国，政府各部门统计机构是始终保留和存在的一个必设机构，不受执政党的更换和政府部门撤并的影响。德国法律规定，联邦统计局在方法技术和专业统计工作方面遵循客观性、中立性和科学独立性的原则。挪威法律规定，国家统计局是政府领导下的专业自治机构。对统计比较专业的美国、日本、英国等国家在这样高度分散的政府统计体制下，政府各部门统计系统内部也都保持了相对的独立性，在组织机构、统计制度方法和统计数据公布等方面，实行集中统一管理。而目前我国实行的是业务领导与党政行政领导相分离的管理体制，是双重领导下的统计管理。

2. 林业统计调查方法体系比较分析

由于各国的国家结构、政府管理体制千差万别，即使实行同一类型体制的国家，采取的林业统计调查方法体系也各具特色。具体某一国家实行哪一类型的统计调查方法，这由各国的国情决定，与该国的国家结构、政府管理体制密切相关。评价某一类型政府统计体制的优点与缺点，需视具体国情而定。例如，丹麦、荷兰、挪威、奥地利等国家人口少、面积小，适合实行集中型政府统计体制，采用普查制度进行林业统计调查更能适应本国国情；加拿大和澳大利亚两个国家地广人稀，从有效管理的角度来看，采用抽样调查方法比较合理，便于提高统计工作效率；美国、日本、英国实行分散型以及德国实行地方分散型政府统计体制，均与它们各自独特的国家结构和政府管理体制相适应，所采取的林业统计调查方法也有所不同。但是目前从国际形势来看，抽样调查方法的应用已经涉及到所有政府统计调查的领域，建立起高效、完善、满足各级政府需要的社会经济抽样调查制度，也是中国统计调查改革的一个发展方向。

3. 林业统计调查指标体系的比较分析

国外许多国家的林业统计指标设置都是在国民经济核算体系内进行的，其主要统计的内容是如何保护、改善和合理利用森林资源以及对营林生产的评价、林业贸易等，特别是对资源的统计非常详细，通常都有按林种、用途、经济类型分类进行详细的统计。随着可持续发展思想的提出国外许多国家也就林业的可持续发展进行了研究，如欧盟就提出了全

欧林业可持续发展的标准和指标。

不论是国内还是国外，林业统计指标的研究范围都随着人们对统计对象认识的不断深化而不断扩大，都由最初只对生产指标的研究发展到研究人类与自然共同发展所涉及的各项指标，并根据不同的需求将指标按照各种依据进行分类。但在具体指标的设置中，欧美等国不但考虑客观指标还考虑一些主观指标，他们更重视人性化指标的设计，强调人在整个体系中的能动作用，同时也很重视政府的调控作用，因此指标体系中涉及法律、法规对林业发展的影响、涉及人类参与对林业发展影响的指标都随处可见，这是值得我们参考的。

4．林业统计调查信息技术的比较分析

林业统计不仅为政府，而且也为企业和社会公众，以及有关国际组织广泛地提供服务。各国在林业统计数据发布和对公众服务方面有如下新的要求：

（1）制定林业统计信息发布政策，增强统计信息发布的公正性、权威性和严肃性。比如，加拿大规定重要统计数据在规定发布日的前一天才能报给总理和有关部的部长，澳大利亚规定重要统计数据只在向社会公布前一小时才向财政部长报告。

（2）明确对外提供统计服务的要求，提高服务水平。挪威统计局规定对外发布的统计信息必须做到结论清楚语言易被读者接受、关于统计数据的说明解释准确清晰。加拿大统计局制定了对外服务标准，包括反映公开性、行为礼貌、平等对待情况的质量标准。

（3）以新闻发布、电话、出版物磁介质、网络等多种渠道相结合的方式发布信息。

（4）免费服务与有偿服务相结合，不断拓宽统计服务领域。

（5）建立统计图书馆，向社会提供完整的官方统计信息服务。

这些都对林业统计调查信息技术提出了更高的标准，各国都在积极地探索全面实现统计调查电脑网络化的方法，不断加大资金投入、技术开发和专业人才建设的力度，加快林业统计信息技术的现代化进程，尽早实现统计调查全程电脑网络化，最终实现统计资料的调查、整理、存储、分析和公布的网络一条龙。而中国在这一方面的建设力度也在不断加强，但与国外相比有待进一步地加强。

5．林业统计调查监督体系的比较分析

林业统计调查监督体系一般包括两方面：法制监督和社会监督。大部分国家均有一套较为完善的林业统计法律体系、作为林业统计工作的基本依据。它一般由两部分内容组成：一是规定林业统计机构组织的法律地位，如林业统计机构的权利与义务，由准确定统计工作项目和统计方法问题，如何收集数据，国家统计机构与进行统计工作的其他政府统计机构之间的关系、与地方统计机构之间的关系等。二是确立林业统计工作的法律规范。林业统计工作是林业管理的重要手段，必须依法统计。许多国家都有详细规定的林业统计方法制度、数据收集、加工处理、公布和保密的基本法律条款，如自愿的和法定的数据收集规定，对拒绝履行法定数据收集的处罚、一般的和具体的保密规则等。各国林业统计法律严格规定了林业统计调查对象的填报义务和调查主体的保密义务，以及林业统计数据同时对全社会公布的有关规定，保证依法行使统计职能。在大多数国家，规定了林业统计调查项

目的审批程序，要建立新的林业统计调查项目时，必须经过严格的法律审批程序。比如，德国要设立一项新的统计调查项目，首先要得到各部门的认可，然后经议会通过、立法，最后才执行。这样，可以限制不必要的统计调查项目，减少重复调查，减轻被调查者的统计负担，提高统计工作效率。同时社会监督在各国也都得到了一定程度的倡导。

四、中国林业统计调查体系存在的问题

林业统计资料包括综合、营林生产、工业生产、劳动工资、固定资产理资、重点防护林体系工程建设、物资供应、林区多种经营、林业教育等几方面内容，这些信息的来源主要依据于全国各省林业部门的多方面的统计年报。长期以来，汇总统计数字，登录各种统计台账是一项复杂烦琐的人工劳动，每年要花费大量的时间和人力埋头于逐级调查、审报、汇总等工作，而对于某些边远地区，受地理交通不便、经济文化信息闭塞、人力不足等因素影响，不能及时地沟通信息，正确地反映出某些林业现状，给我们各项工作的预测、决断带来诸多不便。随着市场经济的不断发展，对统计工作的要求越来越高、越来越细，出现了许多难以协调解决的问题。通过以上与国外的对比分析，得出中国林业统计调查体系主要存在以下几个方面的问题。

（一）林业统计调查管理体制不健全、职责不明确

国务院和地方各级人民政府各部门的统计机构或统计负责人，在统计业务上受国家统计局或者同级地方人民政府统计机构的指导，各地统计机构归地方政府行政管理。在这种体制下，林业统计工作常常受到干扰。一方面，统计业务、编制、经费由国家林业局统一领导，主要考虑党和国家要求，考虑国家林业统计为制定政策、决策提供依据的需求；另一方面，调查数据由基层统计部门搜集提供，而地方党政领导要求统计为他们管理地方服务，形成了统计信息的多层次、多元化需求。这不仅增加了统计调查无法满足各级政府需求的现实问题，还因为中国干部任免、提拔制度中常常与各种指标挂钩，致使一些地方政府官员为满足个人的政绩需求，在统计数据上甚至在统计报表上做文章，虚报假报。

另外，基层林业统计工作人员素质不高。根据《林业统计管理办法》的规定，县级以上林业主管部门、林业企业事业单位可以在有关机构中设置专职、兼职统计人员。但这种专兼职人员数量的限制、人员的上岗培训的实施存在很多问题，主要表现在：一是专职人员学历不高的多，缺乏林业统计专业知识的多；二是兼职的多；三是基层统计人员对统计工作的重视程度不够；四是上岗前的培训实施不到位、接受培训提高的不多。

（二）林业统计调查方法时效性差，各种统计调查方法不能有效地结合运用

中国林业统计工作由于起点是专业统计，缺乏整体规划和统一规范，现在仍存在很多问题，主要表现为：首先是对林业统计调查单位的界定不明确，没有统一的规范。各专业统计调查单位相互交叉，造成统计口径混乱、调查单位底数不清、全面调查没有很好地按

照基本单位普查的名录进行点名统计等问题。具体来说，林业统计调查方法在实施过程中存在以下问题：

（1）以全面统计报表为主的调查方法时效性很差，难以做到及时准确地反映林业的新情况新问题，同时该方法在层层上报过程中难以保证统计数据的准确性。

（2）以全面统计报表为主的调查方法，县级以上林业主管部门、林业企业事业单位在实施过程中，容易发生虚报、瞒报、拒报、迟报、伪造、篡改等问题。

（3）普查与其他统计调查之间的磨合期还未过去，各种统计调查还未形成一个有机的整体。在林业部门，抽样调查方法的应用无论从广度上还是从深度上都有待进一步的发展。

（4）原有林业统计制度以全面报表制度逐级上报为主，随着改革开放的深入，个私民营林业企业蓬勃发展，而在有些地方，这些企业大多归乡镇企业局或经济委员会管理，且多数分布在乡（镇）村，点多面广，用林业统计报表制度约束他们显然是行不通的，也无法全面地反映整个林业行业的实际情况。

（三）林业统计调查指标滞后于林业改革与发展的要求

中国现行林业统计调查指标体系存在以下问题：

（1）所设指标未能在反映经济增长的同时，也描述环境质量、生态资源等的变化，但有关环境质量和生态效益等方面的有些指标很难量化，在实际中无法应用。

（2）统计指标中信息交叉重复不统一的现象严重，指标信息的重叠会影响指标评价结果的可靠性。

（3）用以描述的指标多，而用以进行评价和监测的指标很少；同时现有的评价指标也多是反映生产商品化、社会化的指标，而反映现代化的指标虽然能够反映出林业的三大效益，但是不能全面地体现林业现代化的基本特征。

（4）中国林业统计科技、社会、生态和现代化统计工作起步本身比较晚，随着社会政治经济和科技的不断进步与发展，社会和科技进步对经济发展的影响将越来越明显，人们对生态环境的要求也越来越高。因此，这些指标体系都有待进一步的完善。

（四）林业统计调查信息技术手段滞后、信息化建设缺乏统一组织

林业统计信息的传递手段滞后、社会化程度不高，林业统计的信息化建设缺乏统一的组织、缺乏专业人员队伍，难以为新时期的林业建设提供有效的服务和保障。硬件设施和软件工具不配套、系统集成化程度低，完整的林业统计数据库体系尚未形成。信息资源管理不规范，设备的利用率低、配置低、性能不高，难以对大量统计信息进行处理和管理。致使林业统计调查的数据对林业经济的贡献率低。同时统计业务流程的规范化和统计信息的标准化工作的滞后也严重制约了林业统计调查办公自动化的建设。

（五）林业统计调查监督体系不到位，贯彻力度不足

中国林业统计人员无法摆脱行政干预、统计执法者业务素质和职业修养不高及统计违法的隐蔽性等原因，使《中华人民共和国统计法》不能发挥应有制约作用，据此制定的《林业统计管理办法》在实际的操作中也难以使统计信息系统的建设有所保障，不利于推动统计工作的社会化、统计信息收集的多元化及统计信息市场的形成与发育。一方面，反映了统计法律的不完善性；另一方面，又使得市场经济的运行规律及作用机制很难在统计活动中显示出来，不利于提高统计工作的质量及统计信息的质量。

伴随着统计法规的不完善，还存在着监管不严、处罚不利等问题。

第三节　中国林业统计调查体系的系统分析

一、中国林业统计调查体系的环境分析

（一）自然环境分析

目前，中国森林资源总量不足和结构不合理的问题十分突出，并由此造成许多地方生态环境的持续恶化。中国的森林资源在数量和质量上已陷入双重危机，用材林中成过熟林的蓄积年消耗量超过了成过熟林的生长量与每年有近熟林进入成熟林的生长量之和，年均赤字大约为 $1.7 \times 10^8 m^3$，从而使中国林产品（尤其是木材）的供需矛盾加剧，后备资源断档。国家对林业基础设施建设投入欠账太多、林业基础脆弱，导致森林环境建设与发展后劲不足。由于林业科技投入严重不足，造成林业科技进步滞后，科技贡献份额仅为 20% 左右，与其他行业相比，差距较大。天然林是中国森林资源的主体。中国的天然林主要分布在大江大河源头和部分农业生产区，对维持中国大江大河等流域的稳定性，对广大农区生态环境的改善和保障农业持续的稳产高产都起着至关重要的作用。然而，伴随着中国天然林的质量下降和面积锐减，森林的生态功能和防护效益明显降低，生态环境不断恶化。

中国水土流失呈扩大趋势，水土流失面积由解放初期的 116×10^4 平方公里增至目前的 367×10^4 平方公里，每年流失的泥沙量达 $50 \times 10^8 t$。由于水土流失造成的水库、湖泊和河道淤塞、河床抬高，已严重危及工农业生产和人民生命财产的安全。1949 年以来中国湖泊减少了 500 多个，因水土流失而损失的水库、山塘库容累计 $200 \times 10^8 m^3$ 以上，黄河下游断流次数逐年增多，断流时间和断流河段越来越长。水土流失对农业生产造成了严重影响，全国 1/3 的耕地受到了水土流失的危害。包括生物灾害在内的自然灾害发生频繁，危害加重。1998 年，长江、嫩江及松花江发生的特大洪灾除气象因素之外，还有江河上游天然林植被破坏严重、森林数量减少且质量退化、森林涵养水源和保持水土的能力降低，

以及所导致的水土流失使河道、水库和湖泊淤积等原因。

在森林资源不足、水土流失严重和全球气候变暖等多重压力的作用下，人们越来越重视林业的发展，中国东北地区从 2009 年起将结束对森林资源的采伐，主要从事营林方面的业务，这就对整个林业统计调查工作的重点做出了调整。原来作为重点调查对象的森林资源统计将会退出历史舞台，而营林统计将取代其位置，成为重要的统计调查对象。

（二）科学技术环境分析

近年来，随着科学技术的进步和改革的深化，林业现代化建设速度和科学的经营手段在迅速发展和提高，林业统计调查工作实行现代化管理进程加快，计算机对林业统计信息进行传输、存储、计算、检索、查询，大大提高了工作、生产效率和经济效率，从而为林业统计调查方面的科技研究开辟了广阔的前景。目前，我国林业统计调查的科技环境主要体现在以下几个方面：

（1）进行了全国性的林业统计部门的电子计算机普及工作。自 1989 年首次应用此软件以来，在全国 29 个省市自治区及 15 个计划单位市进行了推广，其承担了全国林业统计年报汇总的数据处理工作，为中国林业统计资料的积累提供了可靠的数据基础。

（2）由林业部计划司统筹安排，利用全国各林业统计部门配制的计算机，进行全国范围内的林业统计人员微机培训应用软件培训，提高了人员素质和使用计算机的能力。

（3）应用电子计算机处理统计数据以来，完全代替了手工处理统计报表，大大提高了工作效率，缩短了统计、上报周期，同时也提高了统计数据的精确度和可靠性。

但是，电子计算机应用于林业统计方面的工作有待于进一步的研究和探讨。随着科学技术不断发展和统计信息现代化的进一步深化，我们不仅需要对统计信息进行输导和储存，更重要的是使其成为反映中国林业发展现状、为领导决策服务的重要依据。这就要求我们建立一套完善的林业统计信息系统，实现全国林业统计计算机网络管理。

由此可见，随着全球信息化的建设，中国林业统计调查工作的信息化有待进一步的提高，统计数据的采集、整理、分析和公布都将向信息化、自动化进一步推进。遥感技术将进一步在中国林业大面积的统计调查过程中加以应用和推广。因此，掌握与应用电子计算机、加强林业统计的现代化管理、培训造就一批全方位的工作人员、提高统计调查人员素质，对发展林业、科技兴林具有深远意义。

（三）社会经济环境分析

从宏观上看，中国已经加入 WTO，统计也加入了 GDDS，党的十六大提出要全面建设小康社会。这就意味着中国的信息化、市场化的步伐将会大大加快，中国统计与世界接轨迫在眉睫，社会对统计信息的需求剧增。具体来说，主要表现在以下几个方面：

一是林业社会主义市场经济的内在要求。伴随多年来的林业商品经济体制改革，逐步形成了适合林业生产力发展的林业市场经济体制。这一新体制依据"宏观调控，微观搞活"

的原则，要求林业统计调查体系的调查结果应能灵敏地反映林业经济现象的数量方面，以便及时满足国民经济各部门对林业经济统计信息的各种需要。因此，作为传统的产品经济体制产物的现行林业统计调查体系，必须根据市场经济的新要求进行改革。

二是新国民经济核算体系实施的客观需要。中国新的国民经济核算体系要求作为国民经济中一个部门的林业，为了实现宏观经济核算的任务，必须根据新的国民经济核算体系的基本内容，重造林业微观核算基础，设置一套与新体系相衔接，满足林业部门特点和核算要求的调查体系，并逐步形成比较完整、系统、科学的统计调查制度。

三是林业管理政策改革的引导。随着森工企业、林产加工企业、林商企业、国有林场经营机制的转换，它们逐步走向市场，成为自主经营、自负盈亏的法人实体和市场竞争主体。企业只有及时获取准确的信息，才能在激烈的市场竞争中立于不败之地。随着经济体制改革的不断深化，私营个体企业大幅增加，部分公有制企业在逐步改制、行业主管部门的管理职能被取消或弱化、基层统计机构撤并现象严重、统计人员下岗或转行情况也一定程度上存在，统计工作的难度空前加大。

可以预见，随着社会主义市场经济的蓬勃发展，企业和社会公众对统计信息的需求会与日俱增。然而，从林业统计的现状来看，要完全满足宏观和微观这两个方面的需求，尚不可能，这种信息供需矛盾在短期内仍不可能缓解，还会进一步加剧。

（四）人为因素环境分析

现代统计是一项集统计科学、统计管理、统计法制、网络技术等于一体的综合性社会实践活动。现代化建设离不开现代统计，现代统计离不开复合型统计人才。统计工作面临着体制、机制、观念、方法的全面更新和升级，培养高素质的复合型统计人才显得尤为重要。

在科学技术和经济迅猛发展的今天，人才已经成为统计工作发展、统计信息化建设的关键因素。但是随着信息技术的不断进步和统计信息化事业的持续发展，基层信息化人才力量相对不足，人才培养工作相对薄弱的问题越来越突出。与社会生产力的发展、信息技术的不断更新、任务日益繁重的统计信息化工作相比，统计信息化人才素质、人才质量、人才数量、人才培养等远远不能适应基层统计工作信息化发展的需要。目前，这已成为当前统计工作中不容忽视的问题。

当前正是中国林业发展的重要历史时期，也是林业科技事业发展的重要战略机遇期。面对新形势、新任务、新要求，培养高素质、高质量、高水平的林业人才，不断增强林业科技的创新能力，全面提升林业科技的整体实力，对中国林业跨越式的发展具有重要的战略意义。因此，我们应瞄准未来林业的发展方向和国家林业建设对相关人才的质量要求，培养高素质、综合型林业统计人才的新模式，从而为林业统计调查工作提供高质量的人才。

二、中国林业统计调查体系的目标分析

林业统计调查体系的目标就是在现有的经济社会科技环境下，从调查项目的目的出发，

通过具体的调查过程，收集、整理、分析、提供林业统计资料；获取及时的、准确的、有效的数据。从而加强林业统计工作，保障林业统计资料的真实性、及时性和权威性。

对林业统计调查体系的系统性完善的目的就是为了进一步做到数字准确、内容丰富，建立必要的保障体系等方面的相关对策，使其所形成的功能圈的组织结构不断向更高一层发展，形成更为完善的调查组织管理过程，为林业的宏观调控和结构调整服务，使林业在促进人与自然和谐相处、和谐发展中发挥更大的作用。

三、中国林业统计调查体系的结构分析

（一）系统场中系统对象的受控行为分析

一个完整的系统是由三部分构成的：一是系统的构成要素，即系统元；二是系统要素之间相互关系质的规定性，即要素之间相互作用关系的性质；三是系统要素之间相互作用关系量的规定性，即数量上的协调关系。系统要素之间数量上的协调程度差异，形成了不同协调程度的等级序列，这些等级序列构成了系统的不同相态。同时，系统功能的性质是由系统的结构决定的（系统的要素组成及各要素之间不同性质的相互作用），具有相同系统功能的系统所表现出来的不同功能的发挥效果，则反映了系统功能的不同势态序列（以系统效率来反映）。对系统场的设计和优化，就在于构建基于系统场控的系统管理机制，使受控系统对象通过系统要素的相态跃迁，实现系统运行满意的势态效果，即实现系统运行较高的系统效率。

系统场的构成要素包括思想观念意识类第三层次场源要素、制度类第二层次场源要素、政策法规类第一层次场源要素和组织与监控类的运行操作要素，这些不同层次和不同性质的要素，对场中受控系统对象的作用方式和影响程度是不同的。其中，政策法规类场源要素对系统对象产生直接的控制作用，这种作用是通过政策的引导力或拉力和各项法律法规的约束力来实现的；制度类要素属于上层建筑层次的场源要素，它是通过不同的制度体制，如政治体制、经济体制、市场体制、管理体制等为系统对象的运行提供了宏观的社会经济制度背景环境，它对系统对象的作用是通过间接的影响力来实现其调控功能的；思想、观念、意识、价值观等第三层次场源要素属于文化层面的要素，它对系统对象的作用是通过营造一定价值取向的文化背景，影响系统对象中人的文化观念和价值理念来产生凝聚力实现对系统的影响。这三个层次的场源要素中，越是处于较高层次的要素，对具体受控对象的作用方式越间接，但其影响程度就越深远。组织监控类要素不是构成系统场的具体场源要素，而是系统场发挥管理机制作用过程中的具体操作要素。它的作用是通过建立与系统场要求相适应的管理组织来实施对系统对象实际运行行为的监督和控制，保障系统场的功能得到有效的发挥。中国林业统计调查体系构建及组织监控的实施，构成了对这一系统的系统场控过程。

系统场的建立及系统场控的实施，使系统场中的受控系统处于各种作用力的影响之中，系统对象的受控行为主要表现为以下四个方面：第一，系统对象在各种政策类场源要素影

响场引导力的作用下，服从物理学中的合力规律，即平行四边形准则，系统对象将沿着其合力方向运行；第二，系统对象在组织与监控类场源要素影响场约束力及场控过程的监督控制下，会对其可能存在的负向力产生约束和抵消，消除系统负向力作用下的不良行为；第三，系统对象在制度类场源要素影响场影响力的作用下，会对偏离场向的力产生力矩作用，使其发生旋转，最终与场性方向一致，增大系统目标方向上的合力；第四，系统对象在思想、观念、意识类场源要素影响场凝聚力的作用下，会不断调整系统要素之间相互关系的性质和协同量，使系统结构更加合理。

（二）影响和制约中国林业统计调查体系的结构要素

林业统计调查体系的好坏，要受一系列要素的影响和制约。这些要素都会对中国林业统计调查体系产生不同程度的影响，以下主要从决策性要素和限制性要素两个方面来探讨。

1. 决策性要素分析

决策性要素作为中国林业统计调查体系的基本结构要素作用于本系统，直接影响系统目标和指标数值，通过各组成部分的互相支持、有机配合，从而实现系统的总目标。具体来说，包括以下几个方面：

（1）林业统计调查制度

林业统计调查制度是整个林业统计调查实施的标准，所有的相关规定我们在调查过程中都要切实遵守，这才有利于各项调查之间的专业内和专业间的比较。林业统计指标设置不全面、统计标准不统一等都会导致综合汇总数据失真，指标丢掉使用价值和可比较价值。

（2）林业统计调查方法

统计方法制度的完善与否是林业统计信息系统的建设能否满足林业信息化建设需求的重要标准，是整个林业统计调查体系的核心因素。但由于现行的林业统计制度主要反映林业系统的生产经营活动，统计方法以全面报表制度逐级上报为主，时效性差、中间干扰因素较大，同时随着改革开放的深入，个私民营林业企业蓬勃发展，林业统计报表制度容易导致数字失真。普查与其他统计调查之间还处于磨合期，各种统计调查还未形成一个有机的整体。在林业部门，抽样调查方法的应用无论从广度上还是从深度上都有待进一步的发展，这都严重制约着中国林业统计调查体系的有效运行。

（3）林业统计调查组织管理体制及运行方式

统计管理体制对林业统计调查工作的有效实施有着多方面的影响，尤其是统计人员配备不合理等都会严重影响调查工作的进行。严格、科学的管理和组织制度可以有效地管理好统计工作的资源配备、组织协调好统计工作的开展。但是目前林业统计部门由于普遍缺少严格、科学的管理制度，再加上机构改革人员分流、减员，对统计人员的选用随意性较大，很多统计工作的开展存在弊端。同时，企业内部各职能部门在统计职能及责任的管理上不够明确，组织上缺乏必要的独立性。

（4）林业统计调查队伍建设

林业统计人员作为统计调查工作中的能动因素，其素质的高低一定程度上决定着调查工作的效果。调查人员素质高、具备专业的统计知识则能够更好地完成统计工作；反之，若统计人员素质偏低则会制约林业统计工作的开展，使统计数据的准确性大打折扣。

（5）林业统计调查法制建设

市场经济体制的社会应为法制社会、统计法的颁布、林业统计工作提供切实的法律保障，使各项统计工作都能够有法可依，完善的法制体系是林业统计调查体系的重要组成部分。但是由于中国林业统计人员无法摆脱行政干预、统计执法者业务素质和职业修养不高及统计违法的隐蔽性等原因，使《林业统计管理办法》不能发挥应有的制约作用，从而使林业统计调查体系的建设难以借此有所保证。

（6）林业统计调查资源投入

林业统计部门资源投入是制约林业统计调查体系建设的实质因素，资源投入包括人力、物力、财力投入。加大资源投入，首先应加快培养统计人才的速度，不断更新统计知识，学习国外先进的统计思想和经验，为统计调查工作提供人力保障。同时，财力、物力投入也是统计信息质量提高的必备条件。目前，一些机构由于经济困难或统计人员的文化和业务素质的原因，无法有效开展林业统计调查工作，致使统计工作进度和效率均受到不同程度的影响。

2．限制性要素分析

限制性要素是通过对决策性要素的直接限制而间接影响系统目标和指标数值，它主要通过思想意识、监督和激励等方面作用于决策性因素来影响整个林业统计调查体系运行过程。限制性要素主要包括以下几点：

（1）领导重视程度

在现实的生产经营活动中，领导的重视程度往往决定着工作的有效实施。尤其像林业统计调查工作既没有生产部门的经营效益，也不像财务部门有经济收入，领导是否重视将严重限制林业统计工作及时、有效地开展。

（2）林业统计调查人员态度

工作人员的态度是影响林业统计调查工作的重要因素。例如，林业统计调查人员责任心不强，会造成统计调查资料在管理、保存中极易丢失、损毁还有就是调查人员的作风不正、作风虚浮、统计数据随意性加大，从而使得统计数字缺乏真实性，失去了统计工作的意义。

（3）相应的激励机制和考评机制

相应的激励机制和考评机制可以提高统计人员的工作积极性、主动性和创造性，推动林业统计调查工作的有效运行。但是在实际的工作制度中，从上到下均缺乏相应的激励机制和考评机制，即使制定了考评机制，由于评比结果无论在物质上和精神鼓励上都很难兑现，评比流于形式，严重影响了统计调查工作的切实开展。

（4）统计监督机制

健全的监督机制可以对整个林业统计调查工作进行切实的监督，保证林业统计调查工作的全面落实。但实际情况是林业统计工作得不到重视，林业统计人员地位不高，各种监督检查以资金流量作为主线，林业统计人员只有据实提供统计数据的义务，而林业统计调查、监督的权利往往得不到落实。由于权利和义务的不对等，统计监督起不到应有的作用。

（三）中国林业统计调查体系结构要素的关联性分析

中国林业统计调查体系各结构要素之间是相互影响、相互作用的，而各系统要素之间只有有机地配合才能使系统高效地运行起来，实现系统目标。

1. 中国林业统计调查体系结构要素的作用方式

不同层次和不同性质的要素，对中国林业统计调查体系的作用方式和影响程度是不同的，林业统计调查制度要素属于上层建筑层次的场源要素，它是在现行的已经规定好的统计调查标准和统计调查指标的前提下为系统对象的运行提供了宏观的制度背景环境；林业统计调查方法要素是在项目已经审批完成的条件下，根据具体要求确定调查方法，同时根据相关的历史资料做好保障数据质量等工作，预先做好统计调查推断；林业统计调查组织管理体系及运行方式要素不是构成系统场的具体场源要素，而是林业统计调查体系发挥管理机制作用过程中的具体操作要素。它的作用是通过建立与林业统计调查体系要求相适应的管理组织来实施对系统对象的实际运行，保障林业统计调查体系的功能得到有效的发挥。林业统计调查队伍建设是整个林业统计调查过程中可控性最高的一部分，从人的因素渗入整个系统运行的各个方面，应该采取相应的措施从人这一因素的客观素质和主观思想观念方面进行全面的建设，使系统更为高效地运行；林业统计调查法制建设要素对系统对象产生了一定的控制作用，这种作用是通过各项法律法规的约束力来实现的；林业统计调查资源投入要素是通过加速办公自动化和提高调查人员素质等方面的资源投入来保障林业统计调查体系的运行。

2. 中国林业统计调查体系结构要素的关联方式

为按照调查的过程阐述中国林业统计调查体系结构要素的关联方式。在调查项目获得审批后，我们按照相关的林业统计调查制度，明确调查的标准和调查的指标体系；在此基础上采取具体的林业统计调查方法，按照一定的林业统计调查组织管理体制及运行方式来组织此次调查，并得到最终的调查结果。其中，在组织管理过程中我们要注意统计调查队伍建设问题。这就是基本的林业统计调查实施过程。但是我们要注意在整个过程中林业统计调查法制建设对过程的约束力和林业统计调查资源投入对过程的保障力。

越是处于较高层次的要素，对具体受控对象的作用方式越间接，但其影响程度越深远。思想、观念、意识、价值观等限制性要素属于文化层面的要素，它对系统对象的作用是通过营造一定价值取向的文化背景，对系统对象中人的文化观念和价值理念产生影响，从而实现对系统的影响；而激励机制则是从组织管理的角度采取相应的方式刺激系统中人这一要素思想观念的转变，从而调动系统的有效运行；监督机制同样是从组织管理的角度全面系统地对整个体系进行监督控制，保障林业统计调查体系的各环节能够稳定、按部就班地进行。与林业统计调查密切相关的限制性因素：思想、观念、意识、价值，激励机制等主要通过林业统计调查队伍建设作用于系统运行的方方面面；而监督机制则是通过对系统运行的各环节进行监督控制来与各要素之间建立关联性。

因而要实现系统更高级别的运行，我们要加强各结构要素的建设，同时保障各结构要素之间的关联性能够有机地连接起来，从而实现系统的全面升级与优化。

第四节　中国林业统计调查体系的构建

一、中国林业统计调查体系的三维结构模式

（一）系统工程的三维结构模式

1969 年美国学者 A.D.Hall 提出了系统工程方法的三维结构模式。他总结并研制出了系统的思维逻辑方法，以及思维逻辑与实践步骤、专业知识间的关系，并把这种关系和方法用直角坐标系表述为三维结构。

1．时间维

时间维是把系统的研究、设计、制造和使用的全过程，从时间上分为七个阶段，即规划阶段、设计阶段、研制或开发阶段、生产或建设阶段、装配或组建阶段、运行阶段、更新阶段。

（1）规划阶段：制定系统工程活动的规划和战略。

（2）设计阶段：提出具体的计划方案。

（3）研制（系统开发）阶段：提出系统的研究方案，并制订生产计划。

（4）生产建设阶段：生产出系统的构件和整个系统，提出安装计划。

（5）装配（组建）阶段：对系统进行安装和调试，提出运行计划。

（6）运行阶段：系统按照预期目标运行和服务。

（7）更新阶段：以新系统取代旧系统，或对原系统进行改进使之更有效地工作。

上述七个阶段是按照时间的先后顺序排列的，故有"时间维"之称。这种划分，又称为"系统工程方法论的粗结构"。

2．逻辑维

逻辑维是在系统工程的每个阶段中，按思维逻辑分为七个步骤，这就是提出问题、目标设计、系统综合、系统分析、系统优化、评价决策、实施。

（1）提出问题：收集各种有关资料和数据，把问题的历史、现状、发展趋势以及环境因素搞清楚，把握问题的实质和要害，使有关人员做到心中有数。

（2）目标设计：目标问题关系整个任务的方向、规模、投资、工作周期、人员配备等，因而是十分重要的环节。细分的目标又称为"指标"，系统问题往往具有多目标。在摆明问题的前提下，应该建立明确的目标体系，作为衡量各个备选方案的评价标准。目标的制定应由领导部门、设计部门、生产部门、用户、投资者、舆论界等方面共同参与，以求目标体系全面、准确。目标已经制定，不得单方面更改。目标体系中往往会有相互矛盾的目标出现，处理矛盾的方法有两种：一种是提出次要目标，建立无矛盾的目标体系；另一种是让矛盾的目标共存，折中兼顾。

（3）系统综合：系统综合要反复进行多次。第一次的系统综合是指按照问题的性质、目标、环境、条件拟定若干可能的粗略的备选方案。没有分析便没有综合，系统综合是建立在前面的两个分析步骤（提出问题、目标设计）上的。没有分析便没有综合，系统综合又为后面的分析步骤打下了基础。

（4）系统分析：系统分析是指演绎各种备选方案。对于每一种方案建立各种模型，进行计算分析，得到可靠的数据、资料和结论。系统分析主要依靠模型来代替真实系统，利用演算和模拟代替系统的实际运行，选择参数，实现优化。

（5）系统优化：在一定的约束条件下，我们总希望选择最优方案。系统优化就是根据方案对系统目标满足的程度，对多个备选方案做出评价，从中区分出最优方案、次优方案和满意方案送交决策者。

（6）评价决策：由决策者选择某个方案来实施。出于各方面的考虑，领导选择的方案不一定是最优方案。

（7）实施：将决策选定的方案付诸实施，转入下一个阶段。

综上所述，逻辑维的逻辑步骤及其相互关系可用下图表示。

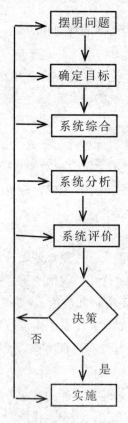

3. 条件维

条件维是指解决问题的七个阶段和七步骤中所需要的知识和技术，霍尔把这些知识分为工程、医药、建筑、商业、法律、管理、艺术等。

（二）构建中国林业统计调查体系的三维结构模式

根据系统工程理论，参考 A.D.Hall 首创的系统工程三维结构模式，可以得到林业统计调查的三维结构模式，即时间维、逻辑维和条件维模式。利用此模式可以使调查者清楚地看到各环节的作业流程，把握关键，以确保调查高效有序地进行。在林业统计调查体系的三大分支体系中，制度体系是保障，方法体系是手段，而运行体系是渠道。

其中，时间维表示的是林业统计调查活动过程的系统阶段性，逻辑维表示的是林业统计调查各阶段的具体实施步骤，条件维是完成各阶段、各步骤所应具备的前提条件。

二、中国林业统计调查体系的基本框架

中国统计调查体系与方法改革是卓有成效的，现行的林业统计调查体系与方法比改革初期有了很大的改进和完善。但从实际情况来看，我们还不得不说，中国的林业统计调查体系仍存在许多问题，方法应用还有许多障碍，原来的一些改革设想和初衷并没有实现，预期的搞准、搞好统计数据的目标也没有达到。现行林业统计调查体系的特点可以概括为：运行成本高、数据质量低。这个"高"体现为机构分工不明确、调查重复、数出多门、投入大，许多无用过时的数据还在统计调查、严重积压，不少调查结果自我否定、做无谓的劳动等，调查的工作效率差。这个"低"则体现为数据不准确（虚假、隐瞒、伪造严重）、所需数据短缺、时效性不强等，调查的有效成果少。其直接结果是林业统计的信息、咨询和监督功能不能很好地发挥。因此，在中国经济政治体制改革更加深入进行、经济全球化趋势愈加明显、科学技术发展更加快速和中国已经加入 WTO 的历史背景下，重新研究和改革中国的林业统计调查体系是一件刻不容缓的大事。

（一）构建中国林业统计调查体系的基本思想

随着社会主义市场经济体制的不断发展和中国林业统计工作的日趋完善，中国林业统计调查体系已经不再是单纯的技术系统，而是一个由技术、组织、管理等多种要素紧密集成的社会技术系统网。统计的根本任务就在于如何搜集、处理、传递和提供信息，林业统计数据就是林业统计调查的产物，而林业统计指标就是林业统计数据的载体。在林业统计调查过程中，统计调查方法是整个林业统计调查体系的核心。要真正实现统计职能还必须有相应的组织保障系统；而建立强有力的统计管理体制，还必须有统计法制系统，保证统计信息的处理不受人为因素的干扰。另外，还需要有统计科研、教育系统，不断壮大统计的科研力量，积极培养统计后备人才。可见，构建一套科学、高效的林业统计调查体系并不是一件容易的事情，它涉及制度体系、方法体系、运行体系等多方面的问题，必须在总体范围内以相互协调、配套为原则分别加以研究和解决。我们从林业统计调查体系的三维结构模式的条件维出发对中国林业统计调查体系进行层次设计，即从制度体系、方法体系和运行体系三大体系出发对中国林业统计调查体系进行构建。

（二）中国林业统计调查制度体系的层次设计

关于林业统计调查制度体系，我们主要从两方面对其进行设计：林业统计调查标准体系和林业统计调查指标体系。

1. 林业统计调查标准体系

林业统计调查工作的标准化是一个十分重要的问题，也是首先要解决的问题。它是实现资源共享、系统建设和科学管理的基础。林业统计调查标准化通过制定标准和实施标准，把林业统计调查工作全过程纳入标准化的轨道。按照有利于加强和改善林业统计信息共享，便于进行国际比较，促进林业统计信息处理和管理现代化的要求，建立一个适合中国林情、符合国际规范的林业统计标准体系。

2. 林业统计调查指标体系

林业统计调查指标体系是由一系列相互联系、相互依存而又相互独立的林业统计指标所组成的一个整体。客观上影响林业统计指标体系的三个方面是林业经济体制、国民经济核算和经济统计科学与统计制度，它们都随着改革开放、加入 WTO 以及可持续发展思想的提出发生了深刻的变革，这就对林业统计指标体系提出了新的要求。

（三）中国林业统计调查方法体系的层次设计

长期以来，中国政府统计系统所使用的统计调查体系主要是以全面报表制度为基础，适当辅之以抽样调查、普查和重点调查等方法。近年来，为了适应国民经济和社会主义市场经济发展的需要，这一统计调查体系逐渐得到调整，全面报表制度的基础地位有所削弱，而抽样调查和重点调查等方法日益得到广泛应用。

（四）中国林业统计调查运行体系的层次设计

很显然，如果运行体系不完善、资料收集渠道不通畅，那么即使有再健全的制度保障、再科学的方法手段，中国的林业统计调查仍然难以达到准确、及时、完整地收集统计资料的基本要求，仍然难以改变目前还普遍存在的指标过剩与数据短缺并存、大量投入重复调查与大量资料束之高阁同在的尴尬局面，仍然难以改变调查成本高、数据质量低这个"一高一低"的根本状况。在中国多年的林业统计调查体系改革中，统计调查方法及其体系改革已经领先一步，但制度体系，尤其是运行体系改革明显滞后，成了中国林业统计调查体系深化改革和完善的新的瓶颈。回顾中国林业统计调查改革的历程，无论是理论研究还是实践探讨，都很少专门涉及到林业统计调查运行的体系问题。由此可见，无论是从中国林业统计调查改革的实践需要出发，还是从林业统计调查运行体系问题研究的现状出发，提出并重视对中国林业统计调查运行体系问题的研究已显得至关重要。

所谓林业统计调查运行体系，就是按规定完成整个林业统计调查过程的工作体系。在林业统计调查过程中，其运行轨迹涉及四个方面，即主体、客体、宿体和载体。主体就是林业统计调查的组织实施者，对于政府统计调查而言主要是指政府统计机构（各级统计局）;

客体就是林业统计调查的对象，或者说是林业统计资料的来源和提供者；宿体就是林业统计资料的使用者，对于政府统计调查而言主要是政府本身，也包括各职能部门、社会团体、企事业单位（组织）、个体工商户和居民个人，但使用的目的和要求有所不同；载体就是林业统计调查资料的存在和传递方式，如纸介质、磁介质和光介质，邮寄方式、电话电报传真方式、电脑网络方式等。因此，林业统计调查活动就是由主体根据宿体的使用要求，以一定的载体向客体取得统计资料的运行过程，而且这个过程是在不断更新和调整中循环反复的。

很显然，要想使林业统计调查活动得到有效开展，就必须建立有效的林业统计调查运行体系，把林业统计调查主体、客体和宿体之间的矛盾转化为林业统计调查活动的动力，实现三者的对立统一。不难看出，完善的林业统计调查运行体系的基本框架由以下三个部分所组成：

一是林业统计调查组织管理体制。一方面是林业统计管理体制，它提供如何处理委托代理关系，即如何处理政府（委托方）与统计调查机构之间（代理方）、上级统计调查机构与下级统计调查机构之间关系。在林业统计调查运行体系中，这部分是基础。另一方面是林业统计调查组织架构，它提供统计调查信息流动的途径，涉及到统计调查机构与统计调查客体之间、国家统计调查机构与地方统计调查机构之间、政府统计调查机构与部门（行业）统计调查机构之间，以及政府统计调查机构内各部门之间的关系，这些关系构成了组织体系。在林业统计调查运行体系中，这部分是实体。

二是林业统计调查信息技术，即采用什么样的信息技术使林业统计调查资料按所设计的途径得到及时传送、整理、储存和合理有效的开发利用。在林业统计调查运行体系中，这部分是脉络。

三是林业统计调查监督保障体系，即如何对林业统计调查过程及其结果进行监督、评价和跟踪反馈，确保林业统计调查个体的合法权益。在统计调查运行体系中，这部分是保障。

只有以上这三个方面都建立起完善的运行机制并实现有效的衔接协调，林业统计调查运行体系才能畅通无阻，才能在信息需求与信息供给、委托成本与调查质量、调查权利与调查义务之间实现优良的结合。

（五）构建中国林业统计调查体系的基本框架

确定了林业统计调查体系的目标和环境之后，关键在于如何去实现它，使它成为现实。这就需要设计林业统计调查体系的各子体系。基于以上从系统论角度的论证分析，在林业统计目标的指导下，根据统计工作的职能、按照统计系统的管理体制以及统计工作的主要流程，可以分别从中国林业统计调查体系的三维结构模型和结构要素两个角度获取中国林业统计调查体系的基本框架。

1. 从制度体系、方法体系和运行体系角度对中国林业统计调查体系的设计

我们按照林业统计调查的实施过程将其制度体系、方法体系和运行体系重新进行划分：

（1）将林业统计调查制度体系划分为两个体系：林业统计调查标准体系和林业统计调查指标体系。

（2）林业统计调查方法体系不做改动。

（3）将林业统计调查运行体系按前面的分析划分为四个体系，即林业统计调查数据质量管理体系、林业统计调查组织管理体系、林业统计调查法制保障体系和林业统计调查办公自动化体系。

可以得出把中国林业统计调查体系划分为七个部分，即林业统计调查标准体系、林业统计调查指标体系、林业统计调查方法体系、林业统计调查数据质量管理体系、林业统计调查组织管理体系、林业统计调查法制保障体系和林业统计调查办公自动化体系。

2. 从结构要素角度对中国林业统计调查体系的设计

我们按照林业统计调查的实施过程将其结构要素重新进行划分：

（1）将林业统计调查制度这一影响因素划分为两个体系：林业统计调查标准体系和林业统计调查指标体系。

（2）将影响林业统计调查体系的限制性要素中的领导重视程度、工作外向性、人员作风问题、激励和考评机制和决策性要素中的人员素质问题这几个要素一致都归入林业统计调查管理组织的影响要素中，划分为林业统计调查组织保障体系。

（3）鉴于人们越来越重视林业统计调查数据质量，因此对数据质量的监督我们从监督机制这一影响因素中单独提出来，划分为林业统计调查数据质量管理体系；而监督机制中的其他部分均划入林业统计组织保障体系当中。

（4）将影响因素中的资源投入划分为林业统计调查办公自动化体系。

（5）而林业统计调查方法和林业统计调查法制保障要素的内容均不做划分，建立林业统计调查方法体系和林业统计调查法制保障体系。

三、中国林业统计调查体系的运行方式

在林业统计调查体系这一功能圈内，任何一个环节脱节或薄弱，整个林业统计调查活动就会成为这一系统不断向更高一级发展的瓶颈。导致经济学上"木桶效应"的出现。对于林业统计调查体系这个"木桶"来说，要想使它盛更多的"水"，即提高系统的整体效应，就应该分析中国林业统计调查体系的运行模式，明确各子体系在系统运行过程中所起的作用，找出制约整个林业统计调查体系向更高更好方向发展的子系统，使这个制约系统的功能得到提高，从而使林业统计调查体系的功能圈向更高一层发展。

我们分别从林业统计调查职能体系和林业统计调查保障体系来探讨中国林业统计调查体系的运行模式。

（一）中国林业统计调查职能体系的运行方式

根据前面对林业统计调查体系的构建，我们将其中的五个子体系定义为中国林业统计调查职能体系，包括林业统计调查标准体系、林业统计调查指标体系、林业统计调查方法体系、林业统计调查组织管理体系和林业统计调查数据质量管理体系。其具体情况如下：

（1）林业统计调查标准体系

在新的林业统计指标体系的基础内容要求上，相应理顺和建立健全台账登记，完善工作管理制度和方法。林业经济核算的基础是原始记录，其数据的正确与否，会影响统计数字的准确性，在充分协调统计、会计、业务三大核算的前提下，要按照谁负责谁管辖、谁登记和统计的原则，重新修订和完善原始记录管理制度、统计台账的登记办法、统计数据的处理形式等。据此将原始记录顺序进行分类登记、造册、编号、归档，从而实现原始凭证、统计台账、统计报表标准化、代码化，使林业统计工作逐步走向制度化、规范化。

（2）林业统计调查指标体系

目前，中国林业统计调查指标体系从统计指标体系的框架到统计指标的基本内容都重点突出经济指标，相对于林业科技、林业生态效益等方面的统计，其核算内容较为完善，核算的基础也较为扎实。但仍存在着明显的缺陷，落后于社会主义市场经济建设的需要。具体来说，主要存在以下四个方面的问题：①所设指标未能在反映经济增长的同时，也描述环境质量、生态资源等的变化，但有关环境质量和生态效益等方面的有些指标很难量化，在实际中无法应用。②统计指标中信息交叉重复不统一的现象严重，指标信息的重叠会影响指标评价结果的可靠性。③用以描述的指标多，而用以进行评价和监测的指标很少，同时现有的评价指标也多是反映生产商品化、社会化的指标，而反映现代化的指标虽然能够反映出林业的三大效益，但是不能全面地体现林业现代化的基本特征。④中国林业统计科技、社会、生态这类指标体系因为起步比较晚都有待进一步的完善。

（3）林业统计调查方法体系

林业统计调查是林业统计工作的初始阶段，它的主要任务是采集丰富而真实的统计信息。林业统计调查搞得好坏，直接关系林业统计工作的质量，乃至关系能否进行正确的林业决策。由于调查现象的复杂性和调查目的的多样性，林业统计调查不能采取一两种调查方法，而要采用多种调查方法。多种调查方法结合运用，就构成中国的林业统计调查方法体系。中国长期以来所采用的林业统计调查方法体系，其采集统计信息的方法主要是统计报表制度。随着社会主义市场经济的发展，形成了调查对象的复杂性和多样性，因此，必须建立一套适应当前林业统计工作需要的统计调查方法体系，即以必要的统计报表制度和周期性的普查为基础，以经常性抽样调查和典型调查为主体，结合运用重点调查和科学估计与预测，同时必须注意各种林业统计调查方法的相互衔接，扬长避短和优势互补。

（4）林业统计调查组织管理体系

中国目前实行的是"统一领导、分级负责"的统计管理体制。这种管理体制既非集中型，也非分散型，并且与其他一些国家的集中分散型也不一样。初看起来，这种管理体制具有双重领导、双重保障，但实际上是统计不到位、责任不清楚。

（5）林业统计调查数据质量管理体系

随着林业现代化发展和国际化进程的加快，社会各界对林业统计信息的需求越来越多，对数据质量的要求越来越高，但现行的林业统计调查数据质量方面的管理与国际还存在较大差距，我们应建立全面的数据质量管理系统，加强对林业统计数据从调查、上报、整理和分析等各环节的控制，提供更高质量的数据。

（二）中国林业统计调查保障体系的运行方式

中国林业统计调查保障体系包括林业统计调查办公自动化体系和林业统计法制保障体系，其具体情况如下：

（1）林业统计调查办公自动化体系

由于计算机网络和通信技术的应用，从根本上改善了统计业务工作环境，从而为林业统计调查工作创造了良好的客观条件。但仍然存在以下问题：林业统计信息的传递手段滞后、社会化程度不高，林业统计的信息化建设缺乏统一的组织、缺乏专业人员队伍，难以为新时期的林业建设提供有效的服务和保障。硬件设施和软件工具不配套，系统集成化程度低，完整的林业统计数据库体系尚未形成。信息资源管理不规范，设备的利用率低、配置低、性能不高，难以对大量统计信息进行处理和管理。致使林业统计调查的数据对林业经济的贡献率低，同时统计业务流程的规范化和统计信息的标准化工作的滞后也严重制约了林业统计调查办公自动化的建设。

（2）林业统计调查法制保障体系

林业统计调查资料的真实可靠，是林业统计调查的最基本要求，但是在中国遇到了巨大的困难。很重要的一点就是监督体系的不完善，主要问题有以下几个方面：

首先，依法统计很困难。虽然中国早就出台了《中华人民共和国统计法》，使中国的统计工作有了法律依据，但离真正的依法统计还有很大差距；而据此制定的《林业统计管理办法》的颁布同样没有很好地对林业统计调查的实施起到法律保障作用。其次，利用社会舆论对林业统计调查中的违法乱纪行为进行批评的机制尚未形成。最后，林业统计调查质量评价、跟踪体系不健全。中国目前正在努力研究这个课题，但还没有取得理想的成效，还没有形成一个有效的林业统计调查评价、跟踪体系。其结果就是对一些林业统计调查数据的来源和合理性难以做出解释，对一些林业统计数据的质量和可靠性难以做出说明。

（三）中国林业统计调查体系的总体运行方式

中国林业统计调查体系的基本运行方式是整个林业统计调查职能体系的运行过程和林业统计调查保障体系的保障过程，即

（1）在林业统计调查项目获得审批后，我们按照相关的林业统计调查标准的要求，通过一系列的工作，确定林业统计调查的指标体系和使用的林业统计调查方法。在林业统计数据质量管理体系的要求下，按照一定的林业统计调查组织管理体制及运行方式来组织

调查，并得到最终的调查结果。这就是基本的林业统计调查实施过程。

（2）我们要注意在整个过程中林业统计调查保障体系所起的作用。

①林业统计调查办公自动化体系对过程中的保障力，尤其是对数据收集、整理和分析过程的影响是巨大的，对获取及时、准确的林业统计数据能起到保障作用。

②林业统计调查法制体系对过程的约束力。例如，林业统计调查计划及其调查方案应当按照林业统计调查项目编制。林业统计调查项目的立项申请，要按照规定进行审批。具有林业统计专业技术职务的人员和林业统计负责人的调动，应当符合国家统计法律法规的规定。可见，林业统计调查的整体实施过程都是要受到法制保障体系约束的。

由林业统计调查体系的运行模式我们不难看出，林业统计调查体系的七个子体系之间是相互作用、相互影响的，任何一个子体系出现问题都会影响整个林业统计调查体系的运行。因此，为保障林业统计调查体系的高效运行，我们必须加强其各子体系的建设。

第三章　城市森林规划设计本体论

人们对客观事物属性的认识，都会经历感性认识和理性认识两个阶段。概念是从感性认识到理性认识的质变，是反映事物特有属性的思维形态。要使概念明确，必须于确定概念的内涵和外延，内涵是概念所反映事物的特有属性，外延是具有概念所反映的特有属性的事物，在逻辑方法上则分别采用定义和划分两种形式表达。按照上述逻辑思维，本章将首先探讨城市森林和城市森林规划设计的特有属性，即二者的内涵；其次用划分的方法，探讨二者的外延；最后通过对城市森林规划设计与其他事物之间关系的讨论，进一步明确城市森林规划。明确城市森林和城市森林规划设计的概念是开展城市森林规划设计工作的基础，有利于总结和巩固我们对二者特有属性的认识，开启研究思路，避免转换论题以及不必要的争论。

第一节　概念诠释

一、城市森林的定义

自 1965 年加拿大多伦多大学 Erik Jorgensen 教授首次提出城市林业（Urban forestry）概念以来，虽然目前已在世界范围内取得广泛的认同，但在城市森林内涵的理解上仍然没有达成一致。与城市森林相关的英文词汇主要有 Urban forestry、Urban forest、Community forest、NeighbourWoods，1994 年 10 月，中国林学会设立城市林业专业委员会，将"城市林业""城市森林""城郊型森林""城乡绿化""都市林业""城市国土绿化""城市园林""生态园林""花园城市"等概念统一为城市森林将其作为林业的一个分支。虽然在林业行业中已达成共识，但还没有得到相关行业如规划、建筑、景观专业的广泛认可，一些具有传统园林学科背景的专家学者更是公然提出反对意见。对这些意见稍加梳理，不难发现，争论的根源在于对城市森林概念的理解存在偏差，尽管在使用同一个词，但所指不同，实际上讨论的并不是同一个对象。其实只要在讨论问题之前，明确概念的内涵和外延，也许就不会有这些笔墨口舌之争了。

首先，让我们来梳理一下现有的关于城市森林的种种定义，从中总结出城市森林普遍具有的属性。

（1）Jorgensen 对城市林业（Urban forestry）的定义（1970）：城市林业不是全然处理城市树木或单个树木管理的问题，而是处理受城市人口影响和利用的整个区域的树木管理问题。这个区域当然包括服务城市人口的流域和游憩区域，也包括位于这些服务区域之间的地区，以及行政上划定的城市和其中的树木。城市行政边界很少能涵盖受城市化影响的整个地理区。

（2）美国林业工作者协会对城市林业（Urban forestry）的定义（1972）：城市林业是林业的一个专门分支，目的是通过栽培和管理树木，发挥其当前和潜在的对城市社会在生理上、社会上和经济上的利益作用。内在于这一功能的是一个综合性的计划，旨在教育公众认识树木和相关植物在城市环境中的作用。广义上，城市林业包含一个复合的管理系统，包括市政流域、野生物栖息地、户外游憩机会、景观设计、市政污水循环、日常树木管理和未来作为原材料的木质纤维生产。

（3）R. W. Miller 对城市森林（Urban forest）的定义（1997）：城市森林是人类密集居住区内及周围所有植被的总和，范围涉及乡村环境下的小社区直至大都市区域。

（4）美国林业词典对城市林业（Urban foresty）的定义（1998）：城市林业是在城市社区生态系统以内及周围管理树木和森林资源的艺术、科学和技术，使树木为社会提供生理的、社会的、经济的和美学的益处。

（5）Koni jnendi jk 对城市森林（Urban forest）的定义（1999）：城市森林是特定城市地区内或附近的森林生态系统，其使用和相关的决策主要受制于当地城市相关人员及其利益、价值和准则。

（6）英国对社区森林（Community forest）的定义（2002）：社区森林覆盖了城镇边缘的广大区域，它们并不是连续种植的树木，而是林地景观和其他土地利用的多样混合，包括农田、村庄、闲暇产业、自然地区和公共开放空间。

（7）欧洲国家对邻里森林（Neighbour Woods）的定义（2001）：邻里森林是一处由树木主宰的场所，或者说树木是城镇景观中视觉、社会、文化和生态特征的重要方面，邻里森林首先强调森林的位置紧邻人们的居住地，意味着人们可以经常接触自然，开展自然教育，有一个愉快的生活与工作环境；其次强调这种森林由当地居民规划管理，为当地居民服务，意味着公众参与、合作、对当地居民的多重益处，也是地方社区的组成部分；再次强调森林的构成由不同大小和特点的森林或林地组成，从小的树林到大的近郊森林，是一种不同的"森林"概念。

（8）欧洲部分国家对城市林业（Urban forestry）或城市森林（Urban forest）的定义（2003）：1997 年至 2002 年，来自 22 个欧洲国家的 100 多位专家在欧洲科技研究领域合作行动计划的资助下开展了有关城市森林和树木的研究（COST Action E12），其中一项研究内容是总结欧洲各国对城市林业或城市森林概念的理解，发现仍然存在差异，见表 3-1-1。

表 3-1-1 欧洲部分国家关于城市林业或城市森林的定义

国家	城市林业或城市森林的定义
芬兰	城市森林指位于城市内或城市附近的森林，主要功能是游憩，主要由自然森林植被组成，不包括有草坪的人造公园
德国	没有现成的术语涵盖城市森林和城市林业，传统的名称"Stadwald"指森林要素，城市森林倾向于指在农田或废弃地上营造的人工林，经过专门的设计和管理，用于为市民开展游憩活动
希腊	城市森林指城市绿色空间，包括行道树、城市内的公园和花园、城镇周围的森林
冰岛	城市林业是在城市范围内种植树木和树林，为市民提供令人愉快的事物，即防护、游憩、景观、美化，甚至在不转移其他愉悦价值的条件下生产木材或其他产品
爱尔兰	广义的定义，类似于北美的概念，采用林学原理，包括城市内及周边所有的树木和林地，将树木作为整个资源的组成部分进行管理，城市林业是社会学科，需要协调合作
意大利	术语城市森林几乎不用，城市森林和树木的概念范围广泛，包括所有的城市植物，指城市中所有的全部或部分关系植被因素的开放空间，需要定期管理
立陶宛	城市林业包括森林、行道树和别的绿色地区，城市林业的重点是市政方面的
斯洛文尼亚	城市森林指城市范围内的林地资源，包括森林、公园，主要是环境和社会功能，而不是生产功能，服务市民，城市森林主要归城市所有
荷兰	大约10%的森林被认为是城市林地，"城市森林"被译为"stadsbos"，指城市林地，大多数情况下使用"城市绿化"一词，城市公共绿色区域包括自然区域、城市林地、公园、绿色地区公共花园和行道树
英国	城市林业是一个多学科的行动，包括设计、规划、建设和管理树木、林地、植物和开放空间，通常相互联系，在建成区内或附近形成植被镶嵌体。承担了多种功能，但主要是供休憩和促进人类健康

（9）刘常富、何兴元等对城市森林的定义：城市森林应以乔木为主体，且要达到一定的规模，面积应大于 0.5hm，林木树冠覆盖度应在 10%～30%，并与各种灌木、草本以及各种动物和微生物等一起构成一个生物集合体，与周围的环境相互作用，形成一个相互联系和相互作用的统一体，且要具有明显的生态价值和人文景观价值，能对周围的环境产生明显影响。

（10）2003 年，历时两年，由 60 多名国内著名专家学者领衔的科研项目《中国可持续发展林业战略研究》完成，将发展城市森林确立为中国可持续发展的林业战略之一。其中，对城市森林的定义是：城市森林是指在城市地域内以改善城市生态环境为主，促进人与自然协调，满足社会发展需求，由以树木为主体的植被及其所在的环境所构成的森林生态系统，是城市生态系统的重要组成部分。

要想明确城市森林概念，首先必须理清城市森林（Urban forest）与城市林业（Urban

forestry）的关系。由于 1994 年中国林学会城市林业专业委员会将相关名称统一为"城市森林"，使得国内学者在引用国外研究成果时，大多直接将"Urban forestry"译为"城市森林"，引起了许多不必要的误解。实际上城市森林（Urban forest）与城市林业（Urban forestry）有本质的区别，不能混为一谈。上述定义表明，凡是关于城市林业的定义，都强调针对植被所采取的一系列管理行动。实际上城市森林是城市林业的经营对象，是客观存在的一种物质形态，城市林业则是对这一物质形态进行生产、经营、保护和管理的活动，"涵盖的内容更广，它研究的不仅是城市森林，而且是与城市森林有关的一切事物"。

城市森林具有相对独立性，林业行业当然可以发挥行业优势，将有关传统森林的知识和技能应用于城市森林，开展种植、养护、经营、管理等活动，可以发展成以城市森林为对象的一个林业分支，如美国林业工作者协会对城市林业的定义。但是也应该积极与其他专业，如景观学专业、城市规划专业、环境艺术专业等进行合作，发挥各专业的优势，有利于实现城市森林的多种功能；其他专业人员，如具有传统园林学科背景的人员也大可不必故步自封，视城市森林为异端，企图一棒子打死。无论是从学术研究的角度，还是从行业实践的角度，城市森林的出现都极大地拓展了相关专业的从业范围，因此各行各业都应该积极面对这一新的时代背景下出现的新事物，通过认真探究其内涵和外延，寻求各专业的用武之地。

上述对城市森林概念的分歧主要集中在以下三个方面：

（1）组成要素，是只包括植物，还是也包括其他要素在内；

（2）植被类型，是所有植物，还是具有一定数量门槛的森林，是自然森林还是由人工营造；

（3）范围，"城市""城市地域""城市周围"如何界定，是否包括乡村。

对上述问题的不同回答使得"城市森林"的定义有广义和狭义之分。广义的定义将城市森林视为分布于被城市人口影响和 / 或利用的所有区域内，城市森林是一个生态系统，不仅包括植被，也包括土壤、水体、动物、设施、建构筑物、交通系统和人，如 Koni jnendi jk 对城市森林（Urban forest）的定义、英国对社区森林（Community forest）的定义、《中国可持续发展林业战略研究》对城市森林的定义。狭义的定义只包括人们居住地附近的树木和相关的植被，如 Miller 对城市森林（Urban forest）的定义，刘常富、何兴元等对城市森林的定义。

对于城市森林的名称，当前有不同的叫法，如 Urban forest、Community forest、NeighbourWoods。美国林业协会 1981 年成立了"国家城市与社区林业领导委员会"（National Urban and Community Forestry Leaders Council），之所以将"社区"（Community）一词包括在标题内，按照 Grey 和 Deneke 的解释，是因为林业局的官员担心有些人会认为"城市"（Urban）和"林业"（Forestry）存在矛盾，增加"社区"一词可能会使乡村居民，特别是立法者产生好感。

尽管对城市森林概念的理解存在分歧，但上述定义在以下四个方面的认识已基本达成共识：第一，城市森林的主体是以木本植物为主的植被体系；第二，这种植被可以是自然生长，也可以是人工种植；第三，城市森林的生长环境为城市及其周边地区；第四，它不是以生产木材为主要目标，而是以改善城市生态环境、提供游憩活动场所、改善城市景观形象等多种功能为目的。

城市森林出现的首要目的是为了应对恶化的城市环境，以一种整体的方法来管理城市中以植被为主的自然资源，因此，应该以系统的观点面对城市中的各种自然资源及其所处的城市环境。具体到中国的实际情况，建成区绿化以建设部门为主，经过多年的发展，无论在政策法规层面还是在行业实践层面均已趋向完善。因此，在中国发展城市森林，尽管在概念上可以将其视作由以乔木为主体的人工及自然植被及其所在的城市环境所构成的森林生态系统，但在城市森林规划设计建设中，仍然应该将重点放在建成区以外的广大城市地域，这也是关注的重点范围。鉴于指导建成区绿化建设的《城市绿地系统规划》当前存在的问题，从生态系统的角度出发，对建成区绿化也会开展一定的研究，以利于深化绿地系统规划的内容，使其与城市森林规划设计协调互补，共同承担起指导城乡一体化绿化建设的重任。

限于研究时间和篇幅，虽然坚持从生态系统的角度理解城市森林，但仍然将着眼点落在了城市森林的主体上，即以乔木为主体的人工及自然植被以及承载植被的用地上，着力解决其与城市建构筑物、道路交通、水体、人等相关要素之间的关系。我们认为，这是中国目前城市森林规划设计需要解决的核心问题。

二、城市森林的特点

1. 城市森林与城市所处的自然环境密切相关

自然环境条件决定了城市森林的植被类型和树种组成，是确定城市森林功能结构和形态布局的重要依据，如新疆阿克苏市位于沙漠边缘的绿洲上，城市森林的主要功能是生态防护功能，以确保绿洲生态安全；上海城市森林建设必须结合黄浦江、苏州河、淀山湖等自然因素。

2. 城市森林与城市土地利用方式和分布格局密切相关

土地利用方式不同，开放空间使用的强度、树木可用的生长空间、建构筑物和基础设施的密度、管理的强度等均不同，从而对城市森林造成了决定性的影响。首先是对城市森林树冠覆盖率的影响，建设部 1993 年曾颁布了《城市绿化规划建设指标的规定》，对各类用地的绿地率进行了明确规定，见表 3-1-2。各类土地现状树冠覆盖率水平是确定未来覆盖率指标的基础。

表 3-1-2 《城市绿化规划建设指标的规定》中对部分城市用地类型的绿地或绿地率的规定

用地类型	绿地或绿地率
新建居住区	绿地占居住区总用地比率不低于 30%
城市道路	主干道绿带面积占道路总用地比率不低于 20%，次干道绿带面积所占比率不低于 15%
城市内河、海、湖等水体及铁路旁	防护林带宽度应不少于 30 米
工业企业，交通枢纽，仓储、商业中心	绿地率不低于 20%
产生有害气体及污染的工厂	绿地率不低于 30%，并根据国家标准设立不少于 50 米的防护林带
学校、医院、休疗养院所、机关团体、公共文化设施、部队等单位	绿地率不低于 35%

土地利用方式也影响城市森林的功能、树种、结构和形态，如位于工业区的城市森林，需要发挥其生态防护功能，需要抗性强的树种和能够发挥最大防护作用的城市森林结构和形态类型。

不同土地利用的分布格局决定了城市的形态，也影响了城市森林的布局。城市交通走廊、高压走廊等呈线形布局的基础设施为城市森林生态廊道的形成奠定了基础。

3. 城市森林与城市社会经济条件密切相关

城市森林与人们的切身利益直接相关，直接影响了人们的生活质量，不仅本身具有经济价值，还会影响周围用地的价值，改善城市的投资环境。特定社会的价值观念、历史文化传统、风俗习惯、生活方式、人口构成、社会活动方式、经济发展水平以及人们对这些因素未来发展的预期直接影响城市森林的功能、形态、树种选择、投入水平和管理方式。

4. 城市森林是多功能的森林生态系统

不同于传统意义上的森林，城市森林的主要功能不是生产木材等林产品，而主要用于改善城市生态环境、改善城市视觉景观形象，提供人们游憩活动场所，恢复人们的身心健康，促进社区交往，以及提升土地开发价值，增加城市生物多样性等多种功能，功能不同，相应地实现这些功能的城市森林的树种组成、结构和形态也不同。因此，城市森林具有多样性、复杂性的特点，绝不是单一的"近自然林"所能概括的。

5. 城市森林具有梯度变化的特点

与城市化的发展过程相一致，城市森林具有从城市到乡村梯度变化的特点。一般情况下，从城市到乡村，建筑密度、人口密度均逐渐减少，城市森林可用建设用地逐渐增多，森林覆盖率逐渐提高。以上海为例，2005 年，位于城市中心地段的黄浦区和卢湾区绿化覆盖率分别为 12.1% 和 16.6%，而位于城市外围的闵行区、嘉定区、松江区、青浦区、南汇区、奉贤区的绿化覆盖率均超过了 40%。其中，相对较低的松江区为 44.6%；奉贤区最高，为 55.9%。

城市森林规划设计在确定处于不同位置的城市森林的主要功能时，需要考虑城市森林梯度变化的特点，在远郊区和乡村地区，适宜多布置一些管理粗放，主要发挥生态功能的城市森林类型，可以采用"近自然林"形态，实现城市森林生态系统的自我维护；在城市近郊地区，建筑密度和人口密度均相对较高，适宜布置与用地性质相呼应的多功能的城市森林类型，城市森林形态也应与功能相应，未必都是"近自然林"。已有研究表明，出于安全方面的考虑，人们喜欢在开放的、经过精心维护的、视野开阔的林下活动，而不太愿意在封闭的、杂乱的、下木繁茂的、遮挡视线的林下活动。

三、城市森林与相关概念的区别与联系

1. 城市森林与城市绿地、城市绿化的区别与联系

绿地是"配合环境创造自然条件，适合种植乔木、灌木和草本植物而形成一定范围的绿化地面或区域"（《辞海》）。《城市规划基本术语标准》（GB/T 50280-98）对城市用地中绿地的定义是"城市中专门用以改善生态、保护环境、为居民提供游憩场地和美化景观的绿化用地"。城市绿化（Urban greening）是为了确保对城市居民提供多重环境和社会益处，对城市内的所有植被开展种植、养护和管理活动的一种整体的、全市性的方法。城市绿化涉及任何有关植被的行动，包括种植树木、灌木、草地或农田，其设计的目的是期望能提高与城市景观相关的环境质量、经济机会或美学价值。

城市森林与城市绿地、城市绿化的联系在于三者都以城市地域为背景，都与植物有关系；不同之处在于，城市森林与城市绿地都是客观存在的物质形态，城市森林是由以树木为主体的植被及其所在的环境所构成的"森林生态系统"，不以用地作为判断的唯一标准，也包括垂直绿化、屋顶绿化等依托于建筑而形成的植被。城市绿地注重的是植物生长所依托的"土地"，有广义和狭义之分。广义的城市绿地是城市地域范围内所有可生长植物的"用地"，包括林地、草地、农田等；狭义的城市绿地是城市中种植木本植物的绿化用地，不包括农田在内。由此可见，城市绿地是建设城市森林的部分载体，城市森林比城市绿地涵盖的内容更广泛。

城市绿化在汉语中既可以作为动词，意味着围绕植被开展一系列行为活动，如上述定义所示；也可以作为名词使用，意味着围绕植被开展的一系列行为活动的结果。作为行为活动的城市绿化的结果可以形成作为客观存在物的城市森林，城市森林具有比城市绿化更为确切的内涵。

2. 城市森林与传统森林的区别与联系

传统森林的界定有一定的数量指标，Rowantree 认为森林需要有一定的地域范围和生物量的密度，森林的生物量密度指标，可用单位面积土地所具有的立木地径面积表示；而森林所需要的地域范围，则从生物量积累所表现出的对生态环境的影响来考虑。如果某一地域具有 $5.5 \sim 28.0\ cm^2/hm^2$ 的立木地径面积，它将影响风、温度、降雨，以及野生动物的生活，表明这块地具有森林的实质。联合国粮农组织认为，森林包括自然森林和人造森

林，林冠盖度应大于 10%，林地面积应大于 0.5hm²，树木应高于 5 米。宋永昌认为森林是由 5m 以上的具有明显主干的乔木、树冠相互连接，或林冠盖度大于 30% 的乔木层所组成的。

长期以来，人们习惯于从一定数量规模的角度来理解森林，以至于对城市森林的概念产生了各种误解，甚至无法接受这一概念。城市森林与传统森林虽然都是以树木为主体，但却有着显著的区别。其中，最根本的区别在于所处的环境不同，城市森林处在城市地域，生长条件较差，需要经受高强度的城市环境压力，如对稀缺土地资源的竞争压力、环境污染的压力、城市发展带来的植被破碎化的压力，以及用有限的资源提供多功能使用的压力；传统森林大多远离城市，生长条件较好，有连续的发展用地，以生产木材及其他林产品为主要功能，功能较为单一，不会经受复杂的使用压力。从定义上看，城市森林强调的是一个以树木为主体的森林生态系统，注重系统的整体性，注重发挥系统的生态功能，因此，不应该用一定的数量指标来衡量。

3. 城市森林与景观的区别与联系

美国林业局（1973）对景观的定义是地表某一地区区别于其他地区的总体特征，这些特征不仅是自然力的造化，而且是人类占用土地的产物；Jones 和 Jones（1977）对景观的定义是地形和地表形成的富有深度的视觉模式，其中地表包含水、植被、人工开发和城市；韦氏词典（Webster 1960）对景观的定义是从一观察点所看到的自然景色。

俞孔坚认为景观是一个宽泛的概念，既作为视觉美学意义上的概念，与风景、景致、景色同义；又作为地学概念，与地形、地物同义；还有生态意义，作为生态系统能源和物质循环的载体；及文化意义，指其作为人类文化、精神的载体。

景观包括的内容十分广泛，可以说能包括地球表面上所有的存在物。城市森林是景观的组成部分，景观学专业理应积极参与城市森林建设，发挥专业优势，通过规划设计的途径，促进城市森林的可持续发展。

四、对规划的认识

"规划"在汉语中也是既可以做动词，意味着一种活动和过程；又可以做名词，指这种活动和过程的结果。为便于确切陈述，本节用"规划"一词表达其动词意义，用"规划成果"一词表达其名词意义。

Steiner 认为规划是运用科学、技术以及其他系统性的知识，为决策提供待选方案，同时它也是一个对众多选择进行考虑并达成一致意见的过程。规划不只是一个工具或技术手段，它是一种人类活动的组织哲学，使人们对于任意地段，都能够预测并能想象出它未来的景象。而且，规划使人们能够将特定小地块上发生的活动纳入更大的区域系统中。

Marsh 认为规划关注的是在满足人类需要的条件下，如何合理地利用和分配资源。其首要目的是对资源的利用做出决策，目的是整个规划的驱动力。现代规划包括三大部分，即决策、技术规划和景观设计。为了解决规划中的一些问题，常常需要在环境中多次巡回。

对于到底谁做规划的问题，Marsh认为专业的规划人员的工作可能只占其中的一小部分，大部分的工作是由公司职员、政府官员和他们的代理者、公共机构的领导、军人、公众以及其他一些组织共同完成的。

刘滨谊认为规划设计的过程是理性与感性相交织的过程，是将理性秩序与感性脉络通过物质化的手段，落实在具有空间分布和时间演变的客观环境之中的过程。从人类聚居环境学的角度来看，"规划"是对众多纷纭的聚居环境，予以分门别类，规整划分。其本质是从"无"到"有"从"无序"到"有序"的过程。"设计"与规划则正好相反，设计是对现存聚居环境，予以添加创造，对规范化了的现实环境予以扩展，使之更加丰富多彩。其本质是从"有"到"无"，打破现有格局的过程。

上述对规划的定义从不同的角度为我们揭示了规划的内涵，概括而言，规划具有以下特性：

（1）目标导向性。任何规划都是为了实现一定的目标而展开的，目标是对未来的一种预测，需要建立在对规划系统过去和现在认识的基础上，通过对未来的研究而确定，这首先是一种"实证性的"（positive）研究，建立在事物发展客观规律的基础之上。由于受到规划系统内部和外部变量的影响，未来通常是不确定的，在不同的条件下有不同的发展方向，需要人类根据特定的价值标准做出判断，选择事物的发展方向，这就使规划具有了"规范性的"（normative）特点。也就是说，规划目标内含了特定人群的意志力。规划的意义也就体现在围绕选定的目标，根据系统内外变量的变化，不断调整行动，尽可能地排除那些不希望发生的结果，可以说规划在本质上是排斥不确定性的。但是，未来的不确定性往往是很难预测的，因此，罗宾逊指出"可靠的规划要表明的，往往不是会发生什么，而是不会发生什么"。这种思想也正是当前西方发达国家倡导的建立城市绿色基础设施（green infrastructure）的指导思想。

规划目标在具体表达时往往需要借助一系列的指标，而且这些指标是分阶段、分层次的。这根源于未来的不确定性，需要建立不同指标在时间和空间上的临界点，根据指标的变化不断调整规划过程，这也是建立规划反馈机制的核心内容。

（2）决策选择性。对于相同的资源有不同的使用方式，对于同一个目标有不同的实现途径，对于共同的起点有不同的发展方向，都需要规划主体不断进行取舍，甚至可以说规划就是一个选择的过程。这里牵涉三个问题，谁来选择？选择什么？如何选择？

对于谁来选择的问题，牵涉特定社会的制度因素，社会精英、普通大众、专业人员、政府部门、市场力量等各种利益团体在不同社会历史发展进程中，对各类规划的决策权此消彼长，莫衷一是。20世纪90年代在西方发达国家兴起的"沟通规划理论"强调不同利益团体之间的信息交流，体现了一种民主参与式规划的理想。应对谁来选择的问题，需要在规划的程序中建立进行决策的方法和途径。由此，规划不仅是对客体的规划，也是对主体的规划。

对于选择什么的问题，首要之处是建立不同的供选项，列出各种可能，从中选出符合主客观要求的备选项。各备选项之间有时并不是绝对排斥的、有你无我的关系，而是可以并存的。在这样的情况下，选择就变成了确定优先次序的过程。对于规划而言，就需要按照一定的标准对备选项进行主次排序，参照的标准不同，排列的顺序自然也不同。美国马里兰州自然资源部通过对区域内各类土地自然生态价值的评价，确定了土地保护的优先次序，就是这种思想的具体体现。

对于如何选择的问题，首要之处是建立进行选择的标准，标准可以是实证的，即建立在事物发展的客观规律基础之上；也可以是规范的，带有决策者的价值判断。由于每一代人的价值观不尽相同，因此，"把目前要求纳入未来需要框架，其本身就是让未来事件为现在做出牺牲，于是，规划又变成为现在导向了"。

（3）层次过程性。任何客观存在的事物都具有时空特性，决定了规划的层次结构性和过程特征，按照不同的时间周期、空间尺度、重点内容，可以将规划分成不同的类型。《城乡规划法》规定城乡规划包括城镇体系规划、城市规划、镇规划、乡规划和村庄规划，而城市规划、镇规划又可分为总体规划和详细规划，详细规划又分为控制性详细规划和修建性详细规划，遵循的是一条从宏观到微观、从整体到局部的技术路线。

规划需要通过一定的反馈机制，应对事物发展过程中出现的各种来自外部和内部的变化，不断调整各因素相互之间的关系。事物的发展有可能会偏离预期的设想，达不到预期的目标规划就必须依据事物新的发展状态进行相应的调整，有可能是对目标的调整，也有可能是对行动的调整，因此，规划不仅是未来导向的，也是基于现实的，规划的运行过程不可能是一条直线，而应该是一个循环式的渐进过程、适应过程。

（4）行动支撑性。实现规划目标需要借助一系列行动，对于不同的主体，在不同的规划阶段，规划中的行动有不同的表现形式。行动是指为实现目标制定的一系列措施，要使各阶段制定的各种措施有效，必须掌握规划对象的发展规律，以及在不同内外部条件作用下的变化形式，其前提是要对规划对象有一个明确的界定。行动的另一层意思是指实施规划的过程，即将各种规划措施付诸实践，并通过对阶段性实施结果的反馈来调整规划，最终实现规划目标。这里关键的问题是实施介入的时序，按照顺序，先编制规划，然后再实施似乎是顺理成章的事情，问题在于如果在编制规划时忘掉了实施，为"规划"而制定规划，则后果就比较严重了。往往，忽视实施，精心编制的规划由于不切实际，无法付诸实践，最终只能是"图上画画，墙上挂挂"。20世纪70年代，Friedmann注意到了"当前存在把制定规划的活动与实施这些规划的事务分离的倾向"，对理性过程规划模型将二者分离的做法提出了批评，认为实施规划的任务需要在制定规划的同时得到考虑，否则制定的规划可能就无法实施。因此，他倡导一个选择性的、以行动为中心的理性规划模型。

五、城市森林规划设计的定义

以上述对城市森林和规划的认识为基础，可以将城市森林规划设计界定为在城市地域范围内，为了实现以生态效益为主的综合效益最大化的目标而对城市森林生态系统建设的内容和行动步骤进行预先安排并不断付诸实践的过程。

定义指出，城市森林规划设计的范围是在"城市地域范围内"，规划的目标是"为了实现以生态效益为主的综合效益最大化"，规划的对象是"城市森林生态系统"，规划的内容是"对城市森林生态系统建设的内容和行动步骤进行预先安排并不断付诸实践"，最后同所有规划一样，它是一个具有时间周期的"过程"。上述对城市森林规划设计的理解和定义，仍然处在一个比较笼统的阶段，对规划的"对象、范围、特点、目标、内容、过程、依据条件、作用"等要素仍需要进一步准确界定。我们将首先探讨城市森林规划设计的对象、范围和特点，这是理解规划其他要素的基础和前提；其次从规划方法论的角度探讨城市森林规划设计的实证性与规范性特征；再次将结合规划类型的探讨，分析城市森林规划设计的内容；最后通过对城市森林规划设计与相关规划的关系以及相关学科理论的讨论，研究规划存在和发展的依据，以及城市森林规划设计的作用。规划的目标和过程将在后续章节"城市森林规划设计的维度"和"城市森林规划设计的过程"中论述。

1. 城市森林规划设计的对象

顾名思义，城市森林规划设计的对象就是城市森林。再进一步说，按照对城市森林的定义，则规划的对象是城市森林生态系统。城市森林生态系统是一个包含许多组成要素的概念，并且受社会、经济、文化和政治等因素的影响。但是回顾国内外城市森林规划设计的实例，表明这些构成要素和影响因素尽管都是城市森林规划设计应该考虑的内容，但只是拓宽了城市森林规划设计思维的视野，城市森林规划设计通常并不能直接对其进行干预，否则规划的性质就将发生变化。这些构成要素和影响因素也只有通过与城市森林生态系统中核心构成要素的关系，作用于城市森林规划设计。这个核心构成要素就是"以乔木为主体的人工及自然植被以及承载植被的用地"，简称为"植被和林地"，这才是城市森林规划设计的对象。

林地和植被从物质实体上来讲，都是客观存在的自然物，其价值体现在同人或周围环境发生的作用中。对于林地，城市森林规划设计关注的焦点是以林地本身所固有的属性为基础，在与城市其他用地的相互关系中表现出来的使用方式或功能以及不同功能用地的规模和在空间中的配置状态。林地的功能是通过其上种植的植被表现出来的，因此，对于植被，城市森林规划设计关注的焦点是按照不同的使用方式或功能，在与城市森林生态系统其他要素的相互作用下，在树种、空间结构、形态、布局等方面表现出来的特性。城市森林规划设计理论和方法研究的核心内容都需要围绕林地使用和植被的各种特性展开，而从城市森林规划设计的角度对林地和植被进行划分则是开展研究的基础，也是城市森林规划设计编制的基础。

2. 城市森林规划设计的范围

城市森林规划设计的范围是"城市地域范围"。但是如何界定城市地域是一个比较复杂的问题，法国学者 P. Pinchemel 指出："城市现象是个很难下定义的现实：城市既是一个景观、一片经济空间、一种人口密度，也是一个生活中心和劳动中心；更具体点说，也可能是一种气氛、一种特征或一个灵魂。"美国社会学家 Kristol 认为城市化不仅是地理上人口的积聚，更是一种文化价值观念的变化过程。按照这种观点，即使在人口或建设规模上达不到规定的门槛值，但如果居民具备城市文化价值观念，则也可划入城市地域。

现代城市的含义，主要包括三方面的因素：人口数量、产业构成及行政管辖的意义。中国城市的法定概念包括设市城市和建制镇两部分，按照《中华人民共和国城乡规划法》的规定："城市规划区是指城市、镇和村庄的建成区以及因城乡建设和发展需要，必须实行规划控制的区域。"这个范围是城市规划直接发生作用的范围，能否满足城市森林规划设计的要求还需要结合实际情况进行分析。

当前国内外确定城市森林范围的方法主要有类型界定法、行政区界定法、距离界定法、环境界定法四种类型，这四种类型各有优缺点。

城市森林规划设计范围的界定应立足国情，从改善城市生态环境的角度出发，坚持城乡一体化和方便操作的原则，考虑城市森林梯度变化的特点综合确定。

中国地域辽阔，地区差异显著，在确定城市森林规划设计的范围时，应该因城而异，因地制宜。人口密集地区，如长三角区域，人多地少、城市化水平较高，城市森林规划设计的范围就应该包括整个区域，以推动城乡一体化发展；人口稀疏地区，如新疆，人少地多，生态环境条件是决定城市发展的基础条件，规划范围应采用环境界定的方法，包括所有对城市生态环境产生直接影响的区域。

总体而言，中国农业人口所占比例较大，城市森林建设的土地有限，不可能靠单纯增加林地面积的方法建设城市森林，而应该从优化城市森林生态系统的结构与布局入手，重点提高城市森林建设的质量。这就需要适当放宽城市森林规划设计的范围，从更宏观的尺度上平衡各种资源利用的关系。

尽管存在区域差异，但城市森林梯度变化的特点决定了任何城市在进行城市森林规划设计时都应该考虑四个基本范围：一是分布在建成区内的城市绿地；二是位于城市近郊区的林地；三是位于城市远郊区的林地；四是乡村地区内对城市生态环境有显著影响的森林。

从方便实施管理的角度考虑，城市森林规划设计可以暂时以行政管辖范围为界，但必须协调好与相邻行政区内的城市森林和其他资源的关系。

3. 城市森林规划设计的特点

（1）以公共利益为导向。尽管在市场经济条件下，城市森林建设的主体呈现出多元化特点，但城市森林规划设计仍然以保障城市生态安全、维护公众利益为己任，是城市政府调控和管理自然资源的途径之一。这是城市森林规划设计的立足点，决定了规划指导思想、规划目标、规划方法、规划内容都必须围绕这一特点展开。

（2）保护与建设并重。城市森林规划设计既要满足城市发展的需要，协调好与其他土地利用方式的关系；又要识别出具有重要生态价值的区域，实行相应的保护措施。因此，需要运用精明增长与精明保护并重的规划方法。

（3）现状与未来兼顾。城市森林规划设计不仅需要开源，开辟新的建设用地以及在城市其他用地开发过程中保证城市森林建设的数量和质量；而且需要固本，针对社会不断变化的需求，对现状植被进行更新改造或功能转换，加强管理。

（4）规划管理一体化。Steiner认为，在景观规划语境中，"对资源，如土地的管理可能是规划过程的目标；反之，规划可能是管理的一种方式"。Forman也认为"管理者实施规划"。城市森林管理是城市政府实现行政职能的过程，从便于管理的角度出发，城市森林规划设计需要通过划定管理区、设立指标、制定导则等方法，为城市森林管理提供依据，借助指标和导则，管理可以实现对规划实施的监控和评价，从而修正或调整规划。

六、城市森林规划设计的实证性与规范性

实证性（Positive）是指事实是怎样的，有正确与否之分，可以通过经验、观察等来检验其真伪。它是以客观事实为基础，强调事物的客观性，排斥价值判断，这是自然科学发展的基础。规范性（Normative）是指应当怎样，而不论这种应当是否具有必然性。它是以一定的价值判断为基础，涉及是非善恶、好坏与否的问题。它与伦理学、道德学相似，具有根据某种原则规范人们行为的性质，这是人文学科建构的基础。

实证性与规范性的命题源于西方哲学关于感性认识论和理性认识论的争辩。英国哲学家休谟提出了关于事实的经验科学与关于行为的规范科学之间的"是"与"应该"的关系问题，由此推出著名的休谟法则，即从"是"不可能推出"应该"来，成为传统科学哲学对"实证性"与"规范性"进行二元论划分的基础。20世纪90年代兴起的科学实践哲学消解了以二元论为基础的休谟意义上的规范性问题，把规范性理解为科学实践现象本身的一个不可缺少的方面，是一种进行中的、重构过去和筹划未来的、与世界发生因果内在作用的实践境况。城市森林规划设计是由多个阶段组成的一个环环相扣的过程，不仅需要将城市森林作为一种科学形态，按照城市森林发展的客观规律，运用逻辑推理方法探索从现状到未来所应该采取的发展方式，即进行一种求真的实证性规划；而且也需要将城市森林作为一种社会实践，认真吸取组织参与城市森林建设的相关利益群体的不同意见，根据特定的价值标准选择其未来的发展方向，使其符合人类的主观愿望，即进行一种求好的规范性规划。

城市森林规划设计的实证性特征源于城市森林的多种功能，如调节气候、改善生态环境的功能，提供游憩活动场所、促进人类身心健康的功能，优化视觉形象、提升城市景观风貌的功能，增加经济收入、促使城市资产保值增值的功能等。这些功能都是客观存在的

事实，遵循一定的客观规律，如何通过城市森林规划设计实现这些功能，是一个实证性的认识问题、解决问题的过程。

城市森林规划设计的规范性特征源于城市发展与城市森林建设的关系，具体地说，就是针对某一个城市的城市森林建设，发展目标是什么、以哪些功能为主、如何协调不同区域城市森林的功能关系、规划期限内用于城市森林建设的经济投入有多少等，与城市的社会经济发展水平，人们的价值观念密切相关，基本上是一个规范性的认识问题、解决问题的过程。

城市森林实证性规划方法强调正确界定城市森林规划设计的对象，综合分析规划需要解决的问题，准确预测城市森林在特定时间阶段的发展状态，严格遵循城市森林发展的客观规律，提出从现在到未来的发展途径，尽可能地使规划符合城市森林发展的事实特征。城市森林规范性规划方法强调对规划涉及相关利益群体的重视，注重规划各种决定力量在规划过程中的作用方式，重视规划的决策过程，通过在规划过程中引入公众参与机制，尽可能地使规划符合特定地域城市森林发展的价值取向。

第二节　城市森林规划设计中的城市森林分类

林用土地及其空间的有效利用是城市森林规划设计的首要问题，解决该问题的关键在于以下两点：一是确定各类林地在城市的区位及其范围；二是确定相应的植被类型，而因城制宜、因地制宜的城市森林分类则是关键的基础性工作。通过具体的划分的方法，可以明确城市森林概念的外延，有助于进一步确定城市森林规划设计的对象。在《阿克苏市城市森林规划设计（2006—2015）》的编制过程中，起初以《城市绿地分类标准》进行分类规划。结果表明，这一侧重于城市建成区的绿地分类标准和方法不能满足阿克苏城市森林规划设计的要求，必须寻求一种新的面向城市森林规划设计的城市森林分类方法和标准。

一、现有城市森林分类方法述评

1. 城市森林规划设计中的分类方法

由于发展阶段不同，各国在编制城市森林规划设计方面的侧重点也不同。英国社区森林规划设计常采用分区规划的方法，尽管牵涉面很广，但最终还是落实到了林地，对林地不做具体的类型划分；美国城市森林建设大多在20世纪前半叶已经完成，当前面临的是更新改造的问题，城市森林规划设计侧重于树木管理，对城市森林的类型一般不做明确的区分。

中国的城市森林目前尚处于发展的初级阶段，城市森林规划设计是以森林建设为主的规划，因无规范可循，各地城市森林规划设计中对城市森林的分类不尽相同。比如，《上海城市森林规划设计》将郊区的城市森林分为防护林、片林、四旁林和城镇绿地，中心城则按照绿地系统规划的分类方法进行统计。《临安城市森林规划设计》将城区城市森林分为九大类：休闲景观林、生态防护林、水源涵养林、水土保持林、城市氧源林、城市保健林、动物栖息林、生产绿地苗圃林、教学科研林；将城郊森林分为生态公益林、生态经济林、用材林、生产绿地苗圃林、旅游观光林。

2. 城市森林研究中的分类方法

按照不同的分类标准，城市森林有多种分类法。比如，何兴元等从功能和植被的角度，将城市森林分为附属庭院林、道路林、风景游憩林、生态公益林和生产经营林5个城市森林类，共16个城市森林亚类。王木林等从生物群落方面将城市森林分为八大类：防护林、公用林地、风景林、生产用森林绿地、企事业单位林地、居民区林地、道路林地、其他林地绿地。宋永昌从植被生态学角度，将城市森林分为5个类型组，分别为生态公益林、专项防护林、居所林地、公共园林、生产林地，其下又分成24个类型。

国外学者对城市森林分类的研究多包含在概念的陈述上，如Koni jnendi jk在各国学者研究的基础上，总结了欧洲各国对城市森林的定义。其中包含对城市森林类型的阐述，如希腊的城市森林包括行道树、城市内的花园、公园和城市周边的林地，荷兰的城市森林类似于城市绿色空间，包括自然地区、城市中的林地、公园、绿地、公共花园和行道树。

3. 城市绿地分类方法

对城市绿地的分类，各国差异较大，英国伦敦绿地的基本类型包括公共开敞空间（包括公园、公用地、灌丛、林地和其他城市地区的休闲与非休闲的开敞空间）和城市绿地空间（公众进入受限制的或者不是正式建造的开敞空间）、都市开敞地、绿链、都市人行道、环城绿带、城市自然保护地、受损地、废弃地和污染地恢复、农业用地；德国慕尼黑的城市绿地具体可分为耕地、公园、外缘草地（生态群落）、天然林地、公有森林、租用园地、牧场、淡水、园艺、树篱与农场林地以及独立式住宅、多层住宅、工业与商业、公共设施、道路、铁路、混杂区、特殊用地等用地上的绿地；日本城市绿地分为公园、墓园、交通空间、其他绿地四类。其中，公园包括提供日常利用的公园、提供地区利用的公园、提供特殊利用的公园、提供区域利用的公园、特殊形态的公园；交通空间包括行道树街、游步道大街、公园大道、高速公路、共行道路；其他绿地包括游园地、高尔夫绿场、工厂区绿地。

中国城市绿地规划目前采用建设部2002年颁布实施的《城市绿地分类标准》（CJJ/T85-2002），分为公园绿地、生产绿地、防护绿地、附属绿地和其他绿地5个大类、13个中类和11个小类。其有如下几个方面的特点：一是与建设部的《城市用地分类与规划建设用地标准》相对应；二是分类主要针对建成区内的绿地，将建成区外的绿地统一划分为"其他绿地"；三是对公园绿地和附属绿地分类较详细，但对生产绿地和防护绿地则较为笼统；四是该分类是对绿化用地的分类，不涉及用地上的植被。实践证明，将城市绿地的分类方法运用于城市森林规划设计，无论在空间范围的广度上，还是类型的细分深度上都是不够的。

二、现有分类方法存在的问题分析

1. 林地与植被混用

城市森林强调的是一种生态系统，包括用地与植被在内的整体，但用地与植被并非一一对应的，实践中，针对用地和针对植被的规划设计方法是不同的，不应该把二者混为一谈。

2. 分类标准不一致

比如，将防护林、片林、四旁林并列的分法，或将生态防护林、水源涵养林、水土保持林并列的分法等，都犯了分类标准不一致或不是同一个分类等级的毛病。

3. 与相关分类标准衔接不够，人为制造矛盾

城市森林分类应该尽量与相关行业部门、规范标准兼容，以消除行业、行政壁垒。

4. 分类的广度和深度不够

面向城市森林规划设计的城市森林分类在空间广度上应包含城乡范围内的所有森林类型。在深度上，应做到一下两点一是要正视城乡差别，对可用的城市森林建设用地进行分别区位、细致深入的分类；二是要选择适宜的树种，进行群落建构，设计出实现各种功能的植被类型。

5. 面向规划设计的针对性不强

城市森林分类可以从认识的角度、理解的角度进行，但对于规划设计工作，往往是不够的或者说是不适宜的。中国城市森林规划设计任务复杂，需要从用地开始一直落实到其上种植的植被，也需要整合现有的城市绿化建设成果，凝聚各方面的建设力量。因此，面向规划设计的城市森林分类必须立足现实，在内容上用地与植被兼顾，在方法上突破陈规，大胆创新。对于现有的分类标准和分类方法，应尽量吸收借鉴，以延续绿化规划建设成果。

三、分类总体思路及原则

针对上述城市森林分类存在的问题，面向城市森林规划设计的城市森林分类应该采用"二分法"，即针对用地的林地分类和针对树木的植被分类。这是由城市森林规划设计的任务和目标决定的。

林地分类的必要性在于：便于协调与各类相关规划中的用地规划关系，如城市总体规划、土地利用规划等；便于将城市森林的功能使用、空间布局等落实到具体的地块上。

植被分类的必要性在于：便于对各类林地的景观形态进行引导控制。植被是城市森林规划设计、建设和管理的直接对象，植被分类也是城市森林规划设计的重要基础和内容。

从目标上看，城市森林分类"二分法"是城市森林规划设计实现以生态效益为主的综合效益最大化的必然要求，城市森林规划设计必须从空间布局和空间使用上来对城市森林进行统筹安排。"二分法"中的林地分类是城市森林空间布局规划的基础，而植被分类则是城市森林空间使用规划的基础。

城市森林分类"二分法"的分类原则如下：

（1）城乡一体化原则。一方面打破城乡界限，覆盖全部范围，包含所有成分；另一方面正视城乡区别，加强分类的针对性。

（2）兼容性原则。科学性与实用性兼顾，尽可能地与相关部门、相关规划、相关规范相协调。

（3）分类标准的一致性原则。"二分法"将城市森林从用地与植被上分别进行分类，各自采用相对独立的分类标准，避免将不同分类标准的产物进行并列。

（4）层次性原则。分层次进行分类，与国家相关分类标准的大类、中类、小类的层次关系相应，便于城市森林规划设计、建设管理和统计等工作的开展。

（5）实效性原则。分类要具有可操作性，一方面适应地域生态要素的组成与特征，满足特定城市对城市森林功能的需求；另一方面便于确定城市森林的责、权、利关系，便于建设管理。

四、城市森林分类"二分法"分类方法

1. 林地分类

林地分类以功能为主要分类依据，同时综合区位、服务范围进行划分，对具有复合功能的类型，选择最为主要的功能作为划分依据。

林地分类的重点范围应放在建成区以外，建成区内仍然应该以建设部颁发的行业标准《城市绿地分类标准》为准，但需要扩充类型，将垂直绿化与屋顶绿化包括在内。

2. 植被分类

植被分类的工作虽然从19世纪就已开始，但由于植被的区域性差异和研究的侧重点不同，到目前为止，还没有一套全球通用的完整的分类系统。对于具有特定功能、结构、形态的城市森林而言，现有植被分类方法尚不能满足城市森林规划设计工作的需要，有必要探索新的分类体系。

分类思路以1980年中国植被分类方法为基础，依据群落外貌、结构、所承担的主要功能、植物种类组成进行分类。

群落结构分为水平结构和垂直结构，水平结构可以用郁闭度来衡量，分为密林和疏林；垂直结构可以用"层"和"层片"来把握，分为主要层和次要层。所承担的主要功能，地区之间有差异，以阿克苏市为例，城市森林的功能主要有四种：防护功能、景观功能、生产功能、生态恢复功能。植物种类组成上采用纯林、混交林和优势种（建群种）。

分类单位采用中国植被分类单位，分为3级，即植被型（高级单位）、群系（中级单位）和群丛（基本单位）。在植被型和群系之上，设一个辅助单位，即植被型组与群系组。以阿克苏城市森林植被分类为例，分为5个植被型组、7个植被型和23个群系组，表3-2-1为群系组以上的分类结果。

（3）合二为一

"二分法"之所以将林地与植被分开，其目的在于条分缕细地分析问题，最终是要合二为一。城市森林规划设计采用"顺序推进、阶段递进"的方法融合林地与植被。"顺序推进"就是在城市森林规划设计从总规到详规的每一阶段，都采用先将各类林地安排好，然后再规划其上植被的方法；阶段递进就是随着城市森林规划设计从总规到详规的深入，林地类型和植被类型都经历了由多到少、由混杂到单一的过程，最终可以将某一群丛落实到某一地块上。

在表达方式上，对林地的规划需要用图纸明确表示出各类林地的分布位置和范围；对植被的规划需要以林地规划为基础进行，可以用图纸表达，也可以采用制定规划导则的方式，为各类林地确定适宜的植被类型。

表 3-2-1　阿克苏城市森林植被分类表

植被型组	植被型	群系组
A. 针叶林	I. 常绿针叶纯林	1. 常绿针叶纯密林
		2. 常绿针叶纯疏林
	II. 常绿针叶混交林	1. 常绿针叶混交密林
		2. 常绿针叶混交疏林
B. 阔叶林	I. 落叶阔叶纯林	1. 防护型落叶阔叶纯密林
		2. 防护型落叶阔叶纯疏林
		3. 景观型落叶阔叶纯密林
		4. 景观型落叶阔叶纯疏林
		5. 生产型落叶阔叶纯密林
	II. 落叶阔叶混交林	1. 防护型落叶阔叶混交密林
		2. 防护型落叶阔叶混交疏林
		3. 景观型落叶阔叶混交密林
		4. 景观型落叶阔叶混交疏林
		5. 生态恢复型落叶阔叶混交密林
		6. 生态恢复型落叶阔叶混交疏林
C. 灌草丛	I. 落叶阔叶灌草丛	1. 有孤立乔木的灌草丛
		2. 无孤立乔木的灌草丛
D. 沼泽植被	I. 沼泽植被	1. 木本沼泽植被
		2. 草本沼泽植被
		3. 苔藓沼泽植被

植被型组	植被型	群系组
E. 水生植被	I. 水生植被	1. 沉水水生植被
		2. 浮水水生植被
		3. 挺水水生植被

第三节　城市森林规划设计的类型和内容

一、两种规划方法

保罗·尼邦克（Paul Niebanck）认为在环境规划中存在两种传统方法——场所营造方法和规则营造方法，前者发轫于建筑学与景观学领域中的环境设计艺术，后者发轫于规划学科与自然科学、社会科学的结合。

场所营造方法历史悠久，古今中外不乏范例。《园冶·相地》中有关园林布局的记述"如方如圆，似偏似曲；如长弯而环壁，似偏阔以铺云"，体现了中国古典园林顺应自然的规划观念。西方世界从古典园林到现代城市公园的建设也都需要借助场所营造的规划方法进行。这一类规划方法的特点是规划范围、对象、目标等都比较明确，规划关注于空间组织、形态塑造，规划师的灵感与经验直接决定了空间的品质，规划师可以借助感性认识，根据自己对场地的理解，天马行空、不受约束地进行创作，规划成为一种艺术赋形的工作。

规则营造方法衍生于人们对快速的土地开发利用给自然生态系统带来的影响的关注。1928 年生物学家 Benton Mackay 以区域规划的理念，确定了大波士顿地区某些对维护脆弱的自然系统具有关键性意义的区域，主张在城市扩张过程中应加以保护。20 世纪五六十年代，麦克哈格召集自然与生物学家，以生物生态学的适应性原理为基础，通过多个规划案例，提倡遵循自然发展规律的城市发展方式。美国马里兰州自然资源局新近开发了绿色基础设施评估模型，对生态重要的区域和面临发展压力的区域进行了识别与分级评价，以引导各级空间层次的土地保护工作。这些案例都是规则营造方法的典型代表，其特点是为规划对象未来的发展提供指引，侧重于确定规划对象不同发展阶段的临界值，侧重于引导和控制，而不是具体的空间组织、形态塑造，规划依托于理性的分析而不是感性的直觉。

二、城市森林规划设计的类型

按照不同的分类标准，城市森林规划设计可以分成不同的类型。按规划期限，可以分为短期（1 ~ 5 年）、中期（5 ~ 20 年）和长期（20 年以上）；按规划范围可以分为小尺度（如某一条道路的行道树规划）和大尺度（如整个市域的城市森林规划设计）；按规划对象分，可以是包括各种城市森林类型的城市森林规划设计，也可以是针对某个或某几个类型的城市森林规划设计，如防护林系统规划；按规划内容分，可以是各学科参与的综合性的城市森林规划设计，也可以是某个或几个学科参与的针对特定内容的城市森林规划设计，如城市森林植被管理规划。几种分类标准可以混合使用，如可以是长期的、大尺度的、综合性的城市森林规划设计。如何划分城市森林规划设计取决于制定规划的意图或目的，即规划为谁所用、解决什么问题、在何时空范围之内。Church 等将规划区分为三个层次，即战略性（strategic）、战术性（tactical）和操作性（operational）。其中，战略性规划是长期的、多学科参与的和大尺度的规划；操作性规划是短期的，通常是分年度制定的规划，必须在长期的有组织的目的（objectives）和中期的目标（goals）框架下进行，考虑如何将战略性和战术性规划付诸实践的问题；战术性规划介于二者之间，制定在较小区域内实施的中期目标。

中国城市森林规划设计类型的划分应该与城市规划体系相协调，原因如下：

（1）这是由二者的内容和性质所决定的，城市规划是政府调控城市空间资源、指导城乡发展与建设的重要公共政策之一。城市森林作为城市空间资源的一种类型，规划中要想协调与城市其他空间资源的关系，就必须与城市规划体系相对应。

（2）这是由城市森林的存在方式所决定的，城市森林与城市其他土地利用类型存在相互包含的关系。在城市规划区范围内，这些土地利用类型都是由城市规划确定的，因此，城市森林规划设计要发挥引导控制城市森林建设的目的，就必须与城市规划建立对应的关系，通过对其不同规划层次相应内容的作用来实现。

（3）这是由城市森林规划设计在中国发展的阶段所决定的。城市森林目前在中国还没有得到社会各界的广泛认可，城市森林规划设计还不具有法律效力，因此，要发挥城市森林规划设计的作用，也只有通过建立与城市规划体系相对应的城市森林规划设计体系，通过城市规划的法律效力来实现各阶段的规划目的。

一般城市规划分为城市发展战略和建设控制引导两个层面，就中国目前法定城市规划编制层次来看，城市总体规划属于城市发展战略层面的规划，详细规划属于建设控制引导层面的规划。与此相对应，按照城市森林规划设计的工作对象和内容，也可以将其分为两个层面的规划——总体规划和详细规划。这两个层面的规划表面上是其空间范围的大小不同和深度不同，但本质上则反映了两种不同的意志力。

总体规划的工作对象是城市地域范围内的城市森林类型，注重战略性的引导，体现的是城市政府在行政过程中，对城市森林发展战略方向的意志，为未来 15 年甚至更长时间内的城市森林发展提供战略性的规划框架，是政府宏观管理和调控土地利用的一种途径。它需要解决城市森林发展的区域平衡问题、城市发展与城市森林发展的平衡问题、城市森林保护与建设的平衡问题、城市森林多功能的平衡问题等，确保城市森林发展与国家政策、区域政策和城市发展政策相符合，是一种偏向于规则营造的规划方法。

在实际工作中，为了便于工作的开展，在正式编制城市森林总体规划前，可以由城市人民政府或其主要职能部门组织制定城市森林总体规划纲要，对确定城市森林发展的主要目标、方向和内容提出原则性意见，作为总体规划编制的依据。

详细规划的工作对象是城市局部地段范围内的城市森林类型，侧重于对各类城市森林在具体建设过程中的引导和控制，反映了特定城市森林类型所有者和使用者各种利益的相互平衡关系。它是城市政府对城市森林建设项目进行管理的直接依据，是对城市森林总体规划的具体落实，使城市森林建设活动能够按照总体规划确定的目标，将制定的措施得到实施。城市森林详细规划根据不同的任务、目标和深度要求，可分为控制性详细规划和修建性详细规划两种类型。在城市森林控制性详细规划中，通过对不同城市森林类型相应指标的控制，使公共利益不受损失或得到加强。作为城市政府相关部门对城市森林进行有效管理的工具，从规划的目的和内容来看，也是一种偏向于规则营造的规划方法。城市森林修建性详细规划是依据已经批准的控制性详细规划，对要进行建设的地区提出具体的安排和设计，可以更多地体现所有者和使用者的意志，通过对规划范围内组成城市森林生态系统的要素，如植被、水土、山石、建筑、道路、设施进行整体的空间布局与形体塑造，从城市森林的多种功能上满足所有者和使用者的需求，遵循的是一种场所营造的规划方法。

三、城市森林总体规划纲要的主要内容

城市森林总体规划纲要的主要任务是研究确定城市森林总体规划的重大原则，并作为编制城市森林总体规划的依据。其主要内容如下：

（1）提出城市森林规划设计的指导思想，确定城市森林规划设计的重大原则问题；

（2）掌握区域自然资源总体状况，论证城市森林发展的自然、社会和经济条件，原则确定规划期内城市森林发展的目标。

（3）分析区域城市森林生态系统与区域其他空间资源的关系，原则确定区域城市森林的功能构成、空间结构与布局；

（4）根据城市森林发展、建设和管理的需要，划定城市森林规划设计区范围；

（5）原则确定规划区范围内城市森林的功能构成、规模、空间结构与布局，初步确定城市森林发展的用地位置和范围，对现状城市森林，初步提出保护、改造或综合利用的建议。

（6）原则确定区域及规划区城市森林建设的重点，提出实施规划的重要措施。城市森林总体规划纲要的成果包括文字说明和必要的示意性图纸，对于个别重要的问题，可以采用专题研究报告的形式，单独说明。

四、城市森林总体规划设计的主要内容

城市森林总体规划针对城市整体，主要任务是协调好相邻区域之间城市森林保护和建设的关系，以及区域内部城市森林生态系统与其他空间资源的关系，综合研究确定城市森

林发展的功能构成、规模和空间发展状态，统筹安排各类城市森林建设用地，合理配置植被类型，确定树种组成与结构，处理好远期发展与近期建设的关系，指导城市森林合理发展。

城市森林总体规划的期限参考城市总体规划的期限，可以为 10 ~ 20 年；同时应通过结构规划对城市森林发展的远景进行安排，远景展望可以为 30 ~ 50 年。城市森林总体规划应包括近期建设规划，对城市森林近期的发展布局和重点建设项目做出安排，近期建设规划期限为 3 ~ 5 年。

城市森林总体规划的主要内容如下：

（1）掌握城市自然资源状况和城市规划建设状况，调查了解城市森林发展现状，分析现状存在的问题，划定环境敏感地区和视觉景观敏感地区，分析城市森林发展的条件和制约因素，明确规划需要解决的问题。

（2）确定城市森林总体规划的空间层次和范围，必要时对城市森林建设进行分区，确定规划的指导思想和原则，制定规划期城市森林发展的目标和指标。

（3）城市森林结构规划，主要对城市森林发展的远景进行安排，可以针对不同尺度的规划范围进行。其内容包括：分析城市森林发展条件和制约因素，提出城市森林发展战略；提出与相邻区域城市森林发展在空间布局、重点建设项目、自然资源保护等方面进行协调的意见；分析城市森林生态系统与其他空间资源的关系，分析区域自然生态过程，识别环境敏感区，确定需要保护的区域；确定城市森林发展的空间结构和功能构成，提出建设的重点内容和要求。

（4）根据城市森林的功能构成，进行林地和植被分类，确定规划区可以运用的树种名录，各类植被的树种组成，确定不同类型树种和植被的比例关系。

（5）预测规划区城市森林的规模，确定各类城市森林用地的比例关系。

（6）分区安排各类城市森林用地，制定分区规划的目标和指标，确定各类城市森林的空间布局，建立与结构规划相协调的空间结构体系。

（7）为各类城市森林用地制定规划导则，确定可以选择的植被类型，建设的形态，相关设施，以及与城市建设和其他生态要素的关系，提出相应的控制指标。

（8）对现状城市森林提出保护、改造或综合利用的发展方向和相应的措施。

（9）城市森林游憩规划，在规划区范围内构建城市森林游憩网络。

（10）生物多样性保护与建设规划，多层次构建生物多样性保护网络。

（11）重点建设工程及分期建设规划，确定重点建设的项目，安排建设时序，提出近期建设的目标、内容和实施步骤。

（12）进行综合技术经济论证，进行投资估算和效益分析。

（13）提出规划实施的措施和政策建议，制定保障城市森林可持续发展的策略。

城市森林总体规划的成果包括规划文本、图纸及附件（说明、研究报告和基础资料等）。图纸包括：区位图，图纸比例 1/500000 ~ 1/1000000；遥感影像图；城市森林现状图、土地利用分析图、环境敏感性分析图、景观敏感性分析图；城市森林规划设计结构图、城市森林功能分析图，图纸比例 1/50000 ～ 1/200000；城市森林规划设计区范围图、城市森林规划设计分区图，图纸比例 1/25000 ～ 1/50000；现状风景游憩林地服务半径分析图；城市森林总体规划图、城市森林规划设计新增林地图、各类城市森林规划设计图（可分区绘制）、风景游憩林地服务半径分析图、城市森林林地率分区控制图、城市森林游憩网络规划图、生物多样性保护与建设规划图、城市森林重点建设工程规划图、分期建设规划图，图纸比例 1/10000 ～ 1/25000。

五、城市森林详细规划的主要内容

详细规划针对具体的地块，主要任务是：以城市森林总体规划为依据，详细规定城市森林的各项控制指标和其他规划管理要求，或者直接对城市森林建设做出具体的安排和规划设计。

详细规划分为控制性详细规划和修建性详细规划，村镇集中居民点进行城市森林建设以及风景游憩林地建设，应该依据城市森林总体规划编制控制性详细规划和修建性详细规划，其他范围内的生态防护林地、经济生产林地和生态恢复林地建设可视实际情况灵活把握，可以依据城市森林总体规划直接编制修建性详细规划。

1. 控制性详细规划的主要内容

控制性详细规划是适应城市森林规划设计的深化和管理的需要，根据城市森林总体规划，以及相关城市规划、地区经济、社会发展以及环境建设的目标，对城市森林用地的类型、位置和范围、使用强度、空间环境，植被的类型、空间结构、布局、形态、树种组成，公共服务设施以及自然资源保护等做出具体控制性规定的规划，作为城市森林管理的依据，并指导修建性详细规划的编制。其主要内容如下：

（1）详细调查规划范围内及周边自然资源条件，以及相关规划情况，确定规划范围内需要保护或改造利用的自然资源；

（2）确定规划范围内不同城市森林类型的界线，对于附属绿地，提出城市森林分布位置的建议；

（3）根据城市森林详细规划指标体系，从环境生态、视觉景观、游憩活动、经济四个方面对地块城市森林建设提出控制性或引导性的指标。各指标可根据城市森林的类型有所侧重或调整，如对于风景游憩林地，需要规定游憩面积比率、游人容量、交通出入口方位、停车泊位，各级道路宽度等指标；对于附属绿地，需要规定集中林地率、绿地阴影率等指标。配套公共服务设施的类型、数量、位置和范围需要依据相关规范，如《风景名胜区规划规范》（GB50298-1999）和《公园设计规范》（CJJ48-92）以及城市规划相关规范等确定。

（4）制定相应的城市森林管理规定，包括对现状植被的管理、单位造价的控制性指标等。

控制性详细规划的成果包括规划文本、图纸及附件（说明和基础资料等）。规划文本中应当包括城市森林管理规定，图纸包括：规划地区位置图，图纸比例不限；地块划分编号图，图纸比例 1/5000；各地块用地现状图（用地分至小类，植被分至群系）、各地块控制性详细规划图，图纸比例 1/1000 ～ 1/2000。

2．修建性详细规划的主要内容

城市森林修建性详细规划是依据已经批准的控制性详细规划，对要进行建设的地区提出具体的安排和设计，以指导城市森林的设计和施工。其内容包括：

（1）进行建设条件分析和综合技术经济论证；

（2）利用现状自然资源条件，进行城市森林景观规划设计，布置总平面；

（3）规划分析，包括景观分析、空间结构分析、功能设施分析、交通组织分析和植被分析；

（4）进行植被规划（植被分至群丛），确定各类植被的分布位置和范围，确定各层片的优势树种，对现状植被提出具体的改造利用措施；

（5）市政工程管线规划设计；

（6）竖向规划设计；

（7）估算工程量和造价，进行技术经济分析。

城市森林修建性详细规划的成果包括规划说明书和图纸，图纸包括：规划地区现状图、规划总平面图、各类分析图、植被规划图、管线综合图、竖向规划图，图纸比例 1/500 ～ 1/2000；反映规划设计意图的效果图，比例不限。

第四节　相关规划、学科及理论基础

一、城市森林规划设计与相关规划的关系

1．城市森林规划设计与土地利用总体规划的关系

土地利用总体规划是对一定区域内的土地资源进行空间与时间上的安排和布局，是"城乡建设、土地管理的纲领性文件，是落实土地用途管制制度的重要依据，是实行最严格的土地管理制度的一项基本手段"。土地利用总体规划按照行政区划分为国家、省、地、县、乡五级。其规划对象是所有的土地资源，也包括城市森林的"林地"对象在内。土地利用总体规划和城市森林规划设计在内容上相互交叉，表现为土地利用总体规划通过对农用地、建设用地和未利用地的划分，从总量上控制了城市森林的发展规模。在分类上，城市森林规划设计对象的"林地"不仅包括土地利用总体规划中"农用地"的"林地"和"园地"，"建设用地"中的"瞻仰景观休闲用地"；而且包括分布在其他类型用地中的林地。土地利用总体规划中，"未利用地"往往所占比例较高。以上海为例，2004 年未利用地占土地总

量的24.88%；新疆阿克苏市多年来正是改造利用"未利用地"中的荒草地、沙地、裸地，营造了举世瞩目的柯柯牙防护林工程和库克瓦什防护林工程，形成了沙漠中的绿色屏障。城市森林规划设计应该加强对"未利用地"的研究和利用，将其发展成为城市森林生态系统的重要组成部分。

通过城市森林规划设计，掌握区域自然资源条件，识别出生态敏感区，建立区域绿色基础设施，将更加有利于协调土地利用与生态环境建设问题，为土地利用分区、生态退耕和农业结构调整提供依据。通过土地利用总体规划，在分区分类制定的调控指标及管制措施中，体现城市森林的发展目标，将更加有利于城市森林规划设计的实施。

2．城市森林规划设计与城市规划的关系

城市森林规划设计与城市规划在规划对象和内容上存在交叉重叠，有时甚至是因果关系。城市规划的对象是以城市土地使用为主要内容和基础的城市空间系统，其中也包括城市森林规划设计的对象——林地和植被。因此，城市规划对城市森林规划设计具有决定性的作用。具体来说，主要体现在以下几点：第一，城镇体系规划确定了城镇地域空间结构、城镇等级规模结构、城镇职能类型结构和以基础设施为主体的网络系统；第二，中心城区规划确定了城市性质、职能、发展目标、规模以及空间发展时序，对城市规划区范围内的城市各类用地进行了统一安排；第三，控制性详细规划规定了各类城市用地的性质、使用强度、空间环境要求、绿地率指标等，为城市森林规划设计提供了具有法律效应的建设依据；第四，修建性详细规划对绿地进行了空间布局和景观设计，对城市森林建设提供直接指导，是城市森林规划设计的重要依据。

但是，城市森林规划设计并不是被动地受制于城市规划，在与城市规划协同进行的同时，其更加注重发挥其前瞻性、基础性、能动性的作用。具体来说，主要表现在三个方面，即规划时序上的先行、规划范围上的扩大、规划内容上的深化。规划时序上，城市森林规划设计可以先于城市规划编制，划定城市发展过程中应该保护的自然区域，作为城市的绿色基础设施，成为城市规划的前提条件；规划范围上，城市森林结构规划可以超越受行政管辖限制的城镇体系规划范围，对于规划区和分区的划定也可以超越城市规划区范围，将对城市生态环境有直接影响的区域包括在内，成为中心城区规划的背景条件；规划内容上，城市森林规划设计不仅关注林地，而且注重植被，并且考虑整个城市森林生态系统，无论在深度上还是在广度上，都超过了城市规划的相关内容，可以成为制定城市规划的依据。

当前中国城市规划对城市森林建设的控制引导作用是远远不够的，无论是从现行的城市规划行业规范中还是从大学里的教科书中，都可以发现，对于建筑、交通、市政管线等可以找出一大堆的规划内容、控制指标，而对于绿化或绿地系统却论述甚少，指标也仅有绿地率、绿化覆盖率、人均公共绿地面积等有限的几个指标，且仅针对于用地，针对植被的控制指标则几乎没有。因此，即使全部得以实施，也只能保证绿地的数量而不能保证绿色空间建设的质量。在城市规划工作中，加强城市森林规划设计的作用，则有利于弥补这些缺陷。具体来说，可从以下两个方面着手：

　　首先在城市总体规划阶段（包括城镇体系规划和中心城区规划），通过城市森林规划设计，建立起城市绿色基础设施，确定城市中需要重点保护的自然区域，在保障城市生态安全的前提下，建立起城市不同地区开发的时序，实现城市精明增长和精明保护的双重目的；其次在详细规划阶段，通过城市森林规划设计，完善城市森林林地和植被的控制指标体系，发挥城市森林的多功能作用，减弱市场经济条件下不确定性因素对城市生态环境和景观建设的影响。

　　在实际操作中，城市森林规划设计和城市规划可以是一体的也可以是并行的，重要的是保证二者的协同关系。在一体的情况下，从城市总体规划到详细规划的各个层面中，都包含城市森林规划设计的内容；在并行的情况下，尽管城市森林规划设计形成了相对独立的体系，但同一层面的城市森林规划设计和城市规划之间仍然应该保持协同关系，并且都是作为下一层面规划的指导依据。

　　3. 城市森林规划设计与绿地系统规划的关系

　　城市绿地系统规划从属于城市总体规划，除了规划编制体系尚不完善，无法与城市总体规划各层次相对应的不足之外，在规划思维方式上、规划范围上、规划对象上、规划内容上以及规划实施上均存在问题。城市森林规划设计与绿地系统规划的区别与联系见表3-4-1。

　　城市绿地系统规划在中国已经有多年的发展历史，国家主管部门也出台了相关的规范，其编制工作已经步入规范化和制度化的轨道，许多城市也已经完成了编制。因此，为了整合城市绿化建设的各种力量，延续绿地系统规划的成果，比较现实的做法是建立由城市绿地系统规划和城市森林规划设计构成的城市绿化系统规划体系，并且通过城市森林规划设计进一步深化细化城市绿地系统规划。建设部在2002年颁发的行业规范《城市绿地系统规划编制纲要（试行）》中，有"树种规划"的内容，要求确定各类树种的比例关系以及基调树种、骨干树种和一般树种。笔者认为，树种是植被的组成要素，单纯对树种这一要素进行规划并不能保证实现对植被这一系统的引导控制。

　　在实际操作中，对于已经制定了绿地系统规划的城市，城市森林规划设计在进行分类规划时，建成区可以利用绿地系统规划中绿地分类规划的成果，同时增加植被分类规划的内容，进一步补充完善，建成区以外则需要按照城市森林"二分法"分类方法，进行林地分类和植被分类，以此为基础，进行分类规划；对于还没有编制城市绿地系统规划的城市，城市森林规划设计则需要基于城市森林分类"二分法"，对城市地域范围进行整体规划，在进行分区规划时，可以将建成区单独列为一个规划分区，体现绿地系统规划的内容，实现其作为城市规划的专业规划的角色定位，满足其当前作为评选"国家园林城市"必备条件的要求。前者的典型实例如上海市，后者的典型实例则是新疆阿克苏市。

表 3-4-1　城市森林规划设计与绿地系统规划的区别与联系

比较内容		城市森林规划设计	城市绿地规划
相同点	价值观念	以公共利益为导向	
	规划目标	保护和改善城市生态环境、优化城市人居环境、促进城市可持续发展	
	规划范围	城市地域	
不同点	与城市规划的关系	协同关系	受制于城市规划
	规划时序	超前或平行于城市规划	滞后于城市规划
	规划对象	林地与植被，需要超越用地限制考虑植被，如垂直绿化	绿地
	规划重点范围	侧重于建成区以外	侧重于建成区
	规划内容	现状与未来兼顾、保护与建设并重、数量增长与质量提升并重，可以实现对林地中植被形态的引导控制	侧重于绿地数量的增长，侧重于建设新绿地，对现状绿地质量的提升考虑少，目前对植被形态缺乏控制引导
	规划实施	由林业部门和园林部门共同实施，城乡并重	由园林主管部门实施，侧重于建成区绿地

二、城市森林规划设计相关学科及理论

城市森林的分布具有从城市到乡村梯度变化的特点，在这个连续体上，各种学科关注的范围和发挥的作用不尽相同，Miller 曾经概括了各种与资源相关的学科与城市森林连续体的关系。城市森林规划设计既然要对城市地域范围内的城市森林生态系统的保护与建设的行动进行预先安排，就必然要涉及众多学科的相关知识。这些学科在城市森林规划设计的不同阶段和不同层次上发挥作用，但它们必须与城市森林规划设计的对象、内容、思想、过程或方法直接相关，并转换为规划的内在因素后才起作用。与城市森林规划设计相关的学科非常广泛，如景观学、城市规划、生态学、游憩学、美学、社会学、心理学、经济学、规划学、植物学、林学、园艺学、地理学、系统学、管理科学、政策科学、法学等，难以一一细述，只能选择一些主要的学科，讨论这些学科中与城市森林规划设计相关的理论。

1．景观学方面的相关理论

（1）景观规划三元论

由同济大学刘滨谊教授提出，认为现代景观规划设计蕴含有三个不同层面的追求以及与之相对应的理论研究：①景观感受层面；②环境、生态、资源层面；③人类行为以及与之相关的文化历史与艺术层面。将上述三个层面予以概括提炼，即可得出现代景观规划设

计的三大方面：①景观环境形象；②环境生态绿化；③大众行为心理。它们被称为"现代景观规划设计的三元"，全面的景观规划设计应该包括这三个方面的完整的规划设计。

（2）人类聚居环境学

人类聚居环境学由希腊建筑师 C.A.Doxiadis 于 20 世纪 50 年代创立，许多学者进行了探索性的研究。刘滨谊教授提出了人类聚居环境学的"EAC"理论，认为人类聚居环境概念应包含三大要素: 聚居背景(Environment)、聚居活动(Activity)、聚居建设(Construction)。这一理论引入了三个新的观念：①"人居＋人聚"的观念；②"环境＋资源"的观念；③"政策＋指标"的观念。人类聚居环境学的研究不仅要将生态环境空间作为一个客体加以研究其内在的变化规律，也要将人类主体与生存环境客体之间以及主体与主体之间的相互作用、相互关系作为主要的研究内容，这就是基于场域理论的人类聚居环境学的深层结构——理性秩序与感性脉络的结合。

2. 城市规划方面的相关理论

（1）城市空间结构理论

城市空间结构是一个多学科研究的对象，是城市研究的重要领域，也是城市规划的基础理论。西方城市空间结构研究的发展过程表现为，在方法研究上从城市空间的物质属性到城市空间的社会属性，从建筑学、规划学、地理学研究到生态学、社会学、经济学、文化学等多学科、多角度的综合研究；在内容上从结构布局研究到结构功能研究，从城市实体、城市平面的二维空间层次研究到城市区域、城市立面的三维空间层次研究，从人地关系为主的城市要素研究扩展到人与空间、社会、自然生态等多要素研究，从一国城市研究扩展到跨国、跨地区的世界大都市带、世界城市体系研究。唐子来教授认为，城市空间结构研究必须建立在社会关系的构成范畴和社会过程的空间属性的理性基础上，运用社会学科和地理学科相结合的方法。

（2）城市发展和城市规划的经济学原理

城市化与城市发展既是一种空间现象，也是一种经济现象。在市场机制配置资源的条件下，只有认识到经济规律和市场机制的作用，才能合理地引导和控制城市的发展。城市经济发展与城市森林规划设计、投资建设之间具有密切的关系，城市经济发展水平是确定城市森林功能及各种类型用地比例关系的重要依据。城市森林并非是没有"效益"的产业，规划设计合理的城市森林发展将有助于城市经济效益的提高。经济学中的许多原理都可以作为城市森林规划设计的理论依据，如经济学中对消费物品类型的分析，按照"谁受益，谁投资"的原则，可以为各种类型的城市森林明确投资主体，组织规划实施。

3. 生态学方面的相关理论

（1）城市森林生态学

城市森林生态学是以生态学理论为基础，应用生态学的方法研究城市森林生态系统的结构、功能、动态，以及系统组成成分间和系统与周围生态系统间相互作用的规律，并利用这些规律优化系统结构，调节系统关系，提高物质转化和能量利用效率以及改善环境质量，实现结构合理、功能高效和关系协调的一门综合性学科。城市森林生态学的基本原理包括最小限制因子原理、耐受性原理、生态位原理，生物多样性导致群落稳定性原理、生态演替原理、生态平衡原理、景观多样性导致稳定性原理、整体性和系统性原理等，为城市森林规划设计的生态化提供了理论基础。

（2）城市生态学

城市是由人类主导的"自然—经济—社会"复合生态系统。与自然生态系统相比，城市中基本的活动不是生物的生产和生命活动，而是人的生产和生活。作为受人类活动强烈影响的生态系统，城市森林应纳入城市生态系统中才能找到合理的结构和高效的功能。城市生态系统具有三种功能：生产功能、生活功能、还原功能。城市森林在城市生态系统中的生产功能对于城市来说只占较小的部分，但在生活及还原功能两方面具有相当大的作用。研究维持城市生态系统功能的物流、能流、信息流、货币流及人口流对城市森林规划设计具有重要的意义。

（3）景观生态学

景观生态学代表了集多方位现代生态学理论和实践为一体的、突出"格局—过程—尺度—等级"观点的一个新生态学范式。以景观结构、景观功能和景观动态为研究对象和内容，强调多尺度上空间格局和生态学过程的相互作用，景观空间异质性的维持和发展，生态系统之间的相互作用以及人类对景观及其组分的影响，已经被广泛运用于自然保护、土地利用规划、自然资源管理、生态恢复、森林管理等实践领域中。景观生态学是城市森林规划设计重要的理论基础，为解决城市森林规划设计中遇到的环境和生态问题提供了合理有效的概念框架和操作方法。

4. 游憩学方面的相关理论

（1）环境行为学和环境心理学

环境行为学研究人类行为与物质环境之间的关系，包括人类如何感知特定的环境并且产生行为反应，进而如何在设计实践中利用这些规律。环境心理学主要研究环境与人的行为心理之间的相互关系和相互作用，以营造满足人行为心理需求的宜人环境。在林奇的一系列研究中，"心智地图"的方法被用来反映个人对环境的感知，通过使用"道路""边界""区域""节点""标志物"作为基本元素来分析环境心理趋向。Kaplan R. 和 S. Kaplan 从 20世纪 70 年代开始的系列研究关注自然环境的心理作用，研究人们偏爱的环境特征，可持续发展的心理因素等。其代表性的著作，如 1989 年出版的《体验自然：一种心理学的视角》（*The Experience of Nature*：*A Psychological Perspective*），是城市森林规划设计的重要基础理论。

（2）闲暇游憩理论

这一理论主要有四个方面：闲暇游憩与健康、闲暇游憩与自我发展、闲暇游憩与社会发展、闲暇游憩的空间系统等。闲暇游憩与城市发展、生活方式和生活质量密切相关。随着社会经济的发展、人们闲暇时间的增多，如何合理有效使用闲暇，创造适合中国国情的闲暇文明，防止闲暇时间内社会的衰退，这既是一个战略性问题，又是一个具体的现实问题。满足城市居民的闲暇游憩需求是城市发展与规划的基本任务，每个城市都应建立一个多层次、多类型的结构合理的游憩系统，促进人与人、人与自然的交流，促进城市社会经济的发展。

5．美学方面的相关理论

（1）形式美学和生态美学

形式美学源于艺术，后来被转译到设计领域，包括景观规划设计，目的是在景观评价、规划、设计中提供一种语言来描述景观的美学质量。常用的解释视觉质量的概念包括要素的物质特性和要素的联系两个方面，前者，如形式／外形、线、颜色、质地、尺度等；后者，如多样性、场所精神、比例、视觉力、和谐、整体性、对比、连续、节奏、对称等。形式美学有助于解释景观特征，但一般需要经过专业训练才能掌握。

生态美学将美学与伦理和可持续性联系起来，提倡美学的伦理道德维度，认为景观的美应该建立在生态系统的可持续性基础上，而不仅仅在于外表。这就需要理解什么才是生态上健康的景观，即需要预先具备相关的知识。生态美学是生态学和美学沟通的桥梁，将美学体验与人们的价值观念联系了起来，提倡生态稳定的自然景观美。

形式美学和生态美学都属于专家范式，需要基于一定的专业知识和技能，在公众参与的背景下，遵循专家标准取得公众的认同，使各利益团体在评判依据上达成共识。

（2）森林美学

森林美学在宏观上属于生态美的范畴。森林的美学价值源于人类的精神需求，森林美学具有以下几个方面的特征：第一，充满着蓬勃旺盛、永不停息的生命力；第二，以生命过程的持续流动来维持；第三，和谐性生命与环境在共同进化过程中的创造性。森林美学的创始人是德国林学家 S. Von. Salisch，他认为森林美化和经济目的并无矛盾，美学价值高的森林在经济上往往是最有效的，二者可以协调发展。在当代德国，森林美学和景观管理学已密切地融合在一起，将生物多样性保护、土地利用等问题结合在一起通盘考虑，研究森林、农田、居民区、道路、公共设施等各类景观要素的最优结构比例和合理镶嵌。城市森林规划设计中森林景观评价、风景游憩林建设、公园植被规划设计、城市森林游憩规划都应该以森林美学的理论作为指导。

（3）景观美学

景观美学是一门新兴的学科，牵涉世界观的诸多方面，在人对景观的感受性背后，存在着完整的思想体系，它先于感受而发生作用，并且决定了人对景观的态度。景观规划设计直接地表达了人们的景观观念，是景观美学在实践中的具体体现。景观美学随着景观的变化而不断发展，景观规划设计的价值取向也随之发生变化。当代景观的特征之一是功能的多样化，而且各类功能往往互不协调，形成了各自的景观美学世界，传统景观美学对一致性的追求已经被多样化的景观美学类型所替代。研究个性化的社会中，对不同景观类型的美学理解和评价是面向规划设计的当代景观美学必须要回答的问题，对这一问题的不同回答将形成不同的景观形态。

第四章　城市森林规划设计的过程

城市森林规划设计是人类对城市森林发展的合目的性的作用过程，既需要立足于城市森林发展的客观规律，又需要符合人类的主观愿望。城市森林发展的时空变化特性，所处城市环境的不确定性以及人类价值观念、需求的变化性，决定了城市森林规划设计必然是一个动态的过程，需要不断地进行选择，从辨识问题、确立目标、选择方案，到监督实施、反馈效果、调整目标、修改方案等，都需要规划主体进行决策。城市森林具有多种类型，在市场经济条件下，各种类型表现出来的不同经济属性决定了建设主体的多元化，进一步加剧了决策选择的复杂性。因此，有必要探究城市森林规划设计编制过程中，规划主体的作用方式，规划各阶段的特点、内在的逻辑关系以及与主体的相互关系等一系列问题，需要对规划的过程或程序进行研究，正如约狄克所说："规划是针对程序所说的。"按照法卢迪的划分，对规划过程的研究属于"规划的理论"（theory of plaiming）问题，是进行城市森林规划设计理论和方法研究必须要回答的问题。

第一节　生态规划思想与规划过程的演变

从古代仅供私人消遣的私家花园，到近代供大众使用的城市公园，再到当前应对全球环境危机而提出的城市绿色基础设施，随着规划尺度的增加、面对问题的复杂、规划目标和内容的扩充，相应地城市森林规划设计的内容也在不断地变化。从城市森林规划设计的四个维度进行考察，不难发现由内而外的变化趋势。视觉景观维度，由对墙院内部的比例、尺度、对比、均衡的关注而向侧重于城市整体景观形态、城市意象转变；环境生态维度，由对内部的遮阴蔽日、通风导气、的关注而向城市生态安全、生物多样性保护方向转变；游憩活动维度，由对内部茶余饭后休憩的关注而向为城市所有居民提供自然生态的游憩活动场所的方向转变；经济维度，由对内部成本造价的关注向城市经营、提升整个城市价值的方向转变。对应于规划内容的变化，规划思想与方法也在不断发生变化，并且直接影响规划过程的组织。

现代景观规划对自然系统的关注一方面通过科学家个人身份的转变，使自己成为规划师，来实现自然科学与规划的结合，如苏格兰植物学家 Patric Geddes，运用自然资源分类系统和在此基础上的土地规划方法，提倡将自然引入城市，成为生态规划最为先驱的思想；

另一方面来自先驱景观规划师的实践，如 Olmsted、Cleveland、Charles Eliot 等，通过专业实践将自然系统的科学知识引入规划。但早期基于自然系统思想的景观规划仍然偏重于感性的判断，缺乏系统的理性分析。

一直到 20 世纪 60 年代，随着环境问题的加剧，生态学原理受到了重视，在麦克哈格、希尔（Angus Hills）、刘易斯（Philip Lewis）等人的推动下，建立在系统分析基础上的生态规划方法成为规划师应对环境生态问题的主要方法，环境限制规划理论、叠图方法以及土地适宜性分析方法逐渐形成。麦克哈格坚信每一块土地的价值是由其内在的自然属性所决定的，人的活动只能是认识这些价值或限制，去适应和利用它，规划的过程就是帮助居住在自然系统中，或利用系统中的资源的人们找到一种最适宜的途径，让自然环境告诉人们该做什么。其强调对数据的全面收集、系统分析，对问题的准确判断和对最优解决方案、终极目标的追求。20 世纪 60 年代的生态规划逐渐走向了绝对理性，并且影响到城市规划，形成了系统规划理论和理性过程规划理论。这一时期形成的规划思想和方法使得景观规划和城市规划产生了全新的变革，并一直影响至今，对 20 世纪 60 年代纯粹理性规划思想的质疑、修正或改善也成为后期景观规划与城市规划理论与方法发展的主要途径。其主要的发展表现在以下几个方面：

纯粹理性规划的假设前提之一是人类有无限的认知能力，规划应该并且可以掌握所需的全部信息，因此为了实现这一目的，20 世纪 60 年代以后，生态规划走向更精确与量化的方向，运用技术日益成熟的地理信息科学与技术（如 GIS），处理环境分析所需的庞大资料。20 世纪 80 年代以后，随着景观生态学的快速发展，土地适宜性分析方法开始从限于垂直过程向关注水平过程拓展，使得分析所依据的生态科学基础更加完善。西蒙（H.Simon）认为，人类不可能掌握全部信息，纯粹理性在实际中是不存在的，人类的决策行为所依赖的是有限理性而不是纯粹理性，因此在决策行为中，应该用满意决策准则取代最优决策准则。基于这一认识，可以发展出一种实用的生态规划方法，即确认与保护一些生态上关键的地段，而不是面面俱到地分析评价整个规划区域。

纯粹理性规划的假设前提之二是社会存在着一致的价值序列，有着共同的目标追求，这实际上也是不现实的，人类社会充满了复杂性、多样性、差异性和多元化。规划和规划师应当接受这样一个事实，即世界存在着各种复杂的可能性，这种观念上的接受成为"新理性主义"规划的一个基础。对价值观多元化的正视，使得生态规划采用了多解规划的方法，以及注重公众参与的技术路线。斯坦纳认为，一个规划的成功很大程度上取决于有多少受影响的民众参与到其决策过程中，在他提出的生态规划模型中，从最初问题的确立、目标的形成，到规划方案发展、规划实施，都需要持续的市民参与及社区教育。

20 世纪 60 年代的生态规划更多地关注自然环境，依据自然资源或环境因子对土地进行评估分级，以保护环境高敏感度的地区。然而，随着城市化进程的加快，这种被动的防卫性规划，终究仅能"叠加自然"，而无法"叠加城市"。当代的生态规划设计，需要面对因城市化发展而引发的生态环境危机及其结构性问题，而不仅只是单向的自然生态问题。

过度关注自然环境限制的生态规划方法，抹杀了规划师的主观能动性和感性认识，使生态规划成为一个被动的、完全根据自然过程和资源条件而追求最佳方案的纯技术性工作。从沟通行动的角度出发，斯坦尼兹（Carl Steinitz）提出了一个由六步骤组成，可以反复进行的规划程序框架，超越了环境限制面的防卫性论点，使生态规划方法在与规划设计专业实践结合方面又往前跨了一步。但是，斯坦尼兹的规划框架并没有将规划实施包括在内，缺乏对规划实施效果的关注，这一点恰恰是 20 世纪 70 年代对程序规划理论批评的焦点。批评者认为程序规划理论，对于现实的规划而言，没有丝毫的建设性。它是"抽象的"或"形式化的"，将会导致规划人员脱离实质性的问题，规划理论应当是关于规划实践的理论，而不是用理想化的术语来表达关于理性决策可能或应当如何。对规划实施问题的关注，使得斯坦纳在构建生态规划模型时，将设计、规划及设计的实施、管理纳入了规划过程。

应该指出的是，西方社会对 20 世纪 60 年代形成的纯粹理性规划思想的质疑，并不是不要理性，而是要避免走向绝对理性，规划不仅是实证的，而且是规范的，时刻受到价值观念的影响。在中国，无论是景观规划还是城市规划，现代理性化可以说还只是刚刚起步，借鉴理性思想在西方规划行业的演变历程，一方面，我们应该继续推进规划的理性化进程；另一方面，不能唯理是从，忽视社会因素对规划的影响。中国的城市森林建设，有赖于三种力量的合力推进：政府力、市场力与社会力。城市森林规划设计编制过程中，必须使这三种力量都能找到自己的着力点，才能够形成最大的合力，推动规划由理想变成现实。实现这一目标的前提是要全面认识这三种力量及其与城市森林规划设计的关系。

第二节 城市森林规划设计的作用力及其表现

作为社会公共物品的城市森林在满足基本需求阶段进行的建设，由于符合全社会的意愿，一般并不一定要对建设项目进行严格的、慎重的论证和判断。因此，往往更倾向于对建设项目本身进行规划和设计，规划师采用场所营造的规划方法，有较大的自由发挥空间，甚至可以带有个人倾向，在规划设计中表达自己的喜好。而一旦基本需求得到满足，社会对城市森林有更高标准的要求，这时要进行建设，就成了一个需要认真研究和探讨的问题，需要综合考虑其对社会、自然、经济等方面的影响，平衡相关利益集团的不同要求。规划师首先需要采用规则营造的规划方法，使各利益集团达成共识。在此过程中，规划师对城市森林规划设计的影响主要是基于其专业技能，清晰地表明观点，并促使实际拥有某些权力的人们达成一致意见，实际的决策权则由政府、市场和社会分享，并且在规划的不同阶段呈现出此消彼长的变化态势。

一、城市森林规划设计中的三种力量

城市森林涉及所有市民的利益，受到全社会的广泛关注，可以将其分成政府、市场、社会团体及个人三个部分，它们是城市森林规划设计中具有决定作用的一种力量。

政府代表广大市民的利益，又肩负着促进社会全面发展的重任，不仅要以效率为准则，促进经济发展，而且要以公平为准则，保证市民共享建设成果。因此，在城市森林规划设计中，需要兼顾环境生态、视觉景观、游憩活动和经济四个维度。政府立足于时代背景和城市发展的实际情况，运用政治手段进行决策，依据政策和城市森林规划设计分配资源和资金，通过直接投资或制定规则、规范城市森林建设过程，为全社会服务，力争使全社会公平地享用公共利益，确保实现城市发展的整体和长远目标。因此，从政府的角度来说，要求城市森林规划设计能够保障公共利益。

市场以效率为准则，反映供求关系，提供有需求的物品，即消费者有能力而且愿意出价购买的物品。这些物品为社会所需要，能激发人们去生产，也能从中获取利润。私人部门通过市场机制一般谋求获得短期的最佳利益，对于长期的，或者公共利益他们则不感兴趣。因此，在城市森林规划设计中，通常只是从经济维度考虑问题，尽管有时也会考虑环境生态、视觉景观和游憩活动维度，但对这些维度考虑的最终目的是为了获得经济利益。从经济维度考虑，市场可以提供具有俱乐部物品或私人物品性质的城市森林类型，如要参与提供具有公共物品或准公共物品性质的城市森林类型则必须保证私人部门获得相应的经济收益。从市场的角度来说，要求城市森林规划设计在满足政府对城市森林提供公共利益要求的基础上，能够实现城市森林的经济价值。

社会团体及个人指不以赢利为目的的社区组织、非政府机构及全体市民，是城市森林建设成果的最终享用者。以公平为准则，尽管均能享受城市森林提供的公共利益，但得利仍然有多少之分，主要是由于个人支付能力存在差异，特别是对于具有俱乐部物品或私人物品性质的城市森林类型，只有有能力支付的个人或团体才能享用。政府用于城市森林建设的投资部分来源于社会团体及个人的纳税所得，社会团体及个人也可以直接参与城市森林建设，并可以通过"用脚投票"来影响城市森林的提供。因此，城市森林规划设计理应反映他们的价值观念。在城市森林规划设计中，社会团体及个人通常多从视觉景观、环境生态和游憩活动维度考虑问题，社会经济发展阶段及家庭收入情况会影响社会团体和个人的价值观念及需求。在住房产权私有化的社会里，由于城市森林建设能够影响到房屋的价格，因此社会团体及个人也会考虑经济维度。从社会团体和个人的角度来说，要求城市森林规划设计能够实现城市森林建设综合效益的最大化。

二、三种力量在城市森林规划设计中的作用

政府力、市场力和社会力在城市森林规划设计决策中有两种表现形式：一种是覆盖形

式，一种力量远远大于另外两种力量，最后形成的决策仅仅反映占主导地位的力的意图，并不反映其他力的意图；另一种是综合作用形式，决策以一种力为主，但在某些方面可能做了调整，以满足另外两组力的要求。目前在中国各地编制的城市森林规划设计中，这两种形式都有所体现。一般情况下，总体规划阶段，政府力占主导地位；详细规划阶段，有时，市场力和社会力也可以占主导地位，这取决于城市森林的经济属性。

城市森林规划设计过程中，三种力量具体又是通过对规划各阶段内容进行决策来发挥作用的。通过协调各方意见，平衡多元主体利益，在城市森林规划设计拟解决的问题、规划目标、应对策略等方面形成令各方都满意的结论，使之被整个社会所接受，转变为全社会建设城市森林的行动。在这个过程中，规划师根据规划阶段或环节的不同扮演着不同的角色，如分析者、技术顾问、组织者或管理者；规划师可以保持中立的立场，也可能会成为其中一种力量的代言人。城市森林规划设计正是在包括规划师在内的三种力量阶段性的交互作用中不断推进的，对城市森林规划设计过程的研究，不仅要明确主导这一过程的各种力量，更需要研究组成这一过程的不同阶段，通过对各阶段内容、特点、相互之间的逻辑关系，与规划三种力量的关系的研究，构建科学合理的规划过程。

第三节　城市森林规划设计的阶段

城市森林规划设计是一项系统性极强的工作，表现为：规划对象的系统性，城市森林规划设计的对象是以林地和植被为主体的城市森林生态系统；规划过程的系统性，规划过程的各组成阶段具有整体大于部分之和的特性；规划内容的系统性，内容构成兼顾规划的四个维度。城市森林规划设计一般由七个阶段构成：现状调查与分析，确定规划目标，制定规划方案，方案评价与选择，实施规划，规划实施、管理与监督，规划反馈，下文结合城市森林规划设计内容进行具体分析。

一、现状调查与分析

规划的任务之一是为了解决现实中存在的问题，需要首先明确这些问题，而为了实现目标所采取的一系列具体的行动，也需要从现状开始。因此，无论以解决问题为导向还是以实现目标为导向，都需要对现状进行调查了解。

现状调查应该围绕规划对象、针对规划阶段、规划目标和规划方案来进行。围绕规划对象即围绕城市森林生态系统，不仅要对组成系统的要素进行调查，也要对各要素之间的相互关系进行调查，还要对影响系统运行的外部环境因素进行调查，包括自然环境、社会环境和经济环境；针对规划阶段即要认识到不同的规划阶段对资料、数据的精度、广度和深度有不同的要求，既要避免精度、广度和深度的不足，也要避免精度过高、数据量过大，无谓增加工作量的现象；针对规划目标和规划方案决定了现状调查与分析需要反复进行的特点，在目标和方案制定之前，通过调查进行分析预测，为目标和方案的制定提供依据，在目标和方案制定之后，可以进行有针对性的补充资料调查和可行性调查研究，通过调查进一步优化目标，调整方案。

城市森林规划设计现状调查的内容包括城市森林建设现状，自然与资源条件，社会经济条件，城乡建设与基础设施条件，土地利用与环境条件，政府部门、企事业单位与城乡居民，图纸资料及电子文件数据七个方面。调查不仅需要了解表面现象，更重要的是发现问题，分析各要素内在的关系。调查可以分成两个阶段进行，首先是通过现场调查或相关部门调查，收集原始资料。由于城市森林规划设计范围较大，现场调查一般可在遥感影像的支持下，采用抽样调查的方法，并对照政府部门的统计资料进行。其次是对资料的分析整理，借助于 GIS 技术，运用现有的理论方法来整理、分析、解释或说明现象。现状分析可以围绕城市森林规划设计的四个维度，分区分类进行，包括各种城市森林类型的现状指标分析、城市森林景观格局分析、城市环境敏感区分析、城市森林视觉景观质量评价、市民游憩活动需求调查分析、城市森林发展 SWOT 分析等。

对于特定区域城市森林类型的分析最好也能依循现有的理论和方法进行，避免胡子眉毛一把抓。以河流城市森林现状调查与分析为例，任何河流都具有纵向结构、横向结构和垂直结构，分成河床带、河滩带、河岸带、滨河绿地、开发区五个部分。对河流城市森林现状的调查分析就可以围绕三大结构，以及相应的构成部分，从城市森林规划设计的四个维度进行。

二、确定规划目标

任何规划都是为了实现一定的目的（goals）或目标（objective），目标导向性是规划的特性之一。正如麦克劳林所说："确定目标阶段是规划中最重要的阶段，因为在这个阶段所做出的战略决定，会对其后做出的一系列其他小型决策产生至关重要的影响。"

城市森林规划设计目标有长期目标与短期目标、综合目标与单项目标、主要目标与次要目标、定性目标与定量目标之分，与决策者的价值观念密切相关。

对于特定的城市森林规划设计目标，上述分类可以叠加表达，如长期的综合性的定性的主要目标。目标常需要借助具体的指标进行表达，有时需要设定具体标准，称为"目标值"或"目标水准"，对于目标值的确定必须有明确的依据，不仅要准确把握现状，而且要对将来进行预测。目标值一旦确立，将会指引城市森林规划设计建设的方向，作为评价的重要依据。

城市森林规划设计的目标是在决策者价值观念的基础上形成的，决策者价值观念及需求的多样性决定了城市森林规划设计的多目标特性。城市森林规划设计在确定目标时，需要集思广益，综合协调各种意见，明确目标的轻重缓急，最终使各利益团体达成共识，围绕共同的目标采取行动，使规划成为统一社会行动的指南。

从有利于保障和提高全社会公共福利的角度出发，当前中国城市森林规划设计应该提倡如下的价值观念及相应的发展目标；在环境生态维度方面，应该提倡可持续发展的价值观念，确立城市森林保障城市生态健康、生态安全的发展目标；在视觉景观维度方面，应该提倡地方文化、地域特色的价值观念，确立城市森林延续地方历史文化传统，体现地域自然特色，展现时代风貌的发展目标；在游憩活动维度方面，应该提倡保障社会公平，建立和谐社会的价值观念，确立城市森林以人为本、提高城乡居民生活质量、为城乡居民服务的发展目标；在经济维度方面，应该提倡节约经济、循环经济的价值观念，确立城市森林促进城市整体经济发展的目标。

在特定的社会发展阶段，上述城市森林的发展目标并不一定都能被置于同等重要的地位；而且具有不同功能的城市森林类型，也会有不同的发展目标。随着城市经济社会的发展，人们价值观念、需求的变化，各类城市森林也都需要不断地调整主次功能。因此，需要通过建立动态的规划过程不断地对规划目标进行调整。

在确定规划目标之前，常常需要进行预测，不仅要考虑城市森林在自然演变中发展的未来状态，而且要考虑城市森林在受城市社会经济因素影响条件下的发展状态；不仅需要对城市森林发展的定量指标，如森林覆盖率、人均公共绿地面积等进行预测；而且需要对城市森林发展的定性问题如功能的转换问题等进行预测，预测结果将会成为规划目标制定的主要依据。

三、制定规划方案

规划方案是为了消除从现状到目标之间的差距而采取的一系列解决对策，是对城市森林构成要素之间关系的具体化过程。规划方案既要针对城市森林发展现状存在的问题，提出解决的措施；又要面向城市森林的规划目标，找出达到目标的途径；还要考虑城市森林生态系统外部环境条件的限制，包括自然环境、社会环境和经济环境。针对现存问题要求规划方案具有科学性，面向规划目标要求规划方案具有超前性，考虑限制因素要求规划方案要具有可操作性。

从城市森林规划设计的四个维度考虑的规划方案的内容一般包括：城市森林空间结构、功能结构、分区分类布局、城市森林游憩规划、树种及植被规划、生物多样性保护和建设规划、建设重点、规划导则等。它们与四个维度的关系见表4-3-1。

表4-3-1　规划方案内容与规划维度的关系列表

	空间结构	功能结构	分区分类布局	游憩规划	树种及植被规划	生物多样性保护和建设规划	建设重点	规划导则
视觉景观维度	★	★	★	★	★	○	★	★

	空间结构	功能结构	分区分类布局	游憩规划	树种及植被规划	生物多样性保护和建设规划	建设重点	规划导则
环境生态维度	★	★	★	☆	★	★	★	★
游憩活动维度	★	★	★	★	★	○	★	★
经济维度	★	★	★	☆	★	☆	★	★

★强度相关，☆中度相关，○弱度相关

上述规划内容表面上可以分成不同的子项，在规划中单独进行，但实际上是相互影响的，规划中需要采取"综合—分解—综合"的方法反复进行考察。

一般情况下，对于同一个问题有不同的解决方法，从而形成不同的规划方案。通过评价，决策者选择其中的一个方案实施，按照西蒙的观点，纯粹理性在现实中是不存在的。因此，决策者选择的方案只能是满意方案而不是最优方案。实际规划工作中，多方案有两种表达方法：一是先罗列所有有效的方案，通过逐个评价，最后归结到一个参选方案。这种方法适合城市森林详细规划阶段，规划范围较小，制定规划方案相对较为容易。二是当规划范围较大、内容复杂时，制定参选方案往往需要投入大量的精力和时间，这时可以采用循序渐进的方法。具体来说，先提出一个最有希望的方案，进行评价，如果存在问题，则通过修正提出新的规划方案，如此反复进行，直到形成满意方案。这种方法常在编制城市森林总体规划时运用。

四、方案评价与选择

城市森林规划设计中，方案评价有实施前评价和实施后评价两种含义。实施前评价是为了选择满意方案而对多个参选方案或一个参选方案进行比较或评价，从中选出最好的方案或者对方案进行改进直到获得满意方案；实施后评价是对方案实施前后的状态进行对照比较，评价方案对规划目标的达成程度，根据评价结果对方案进行调整或维持原方案，继续实施。实施前评价针对多个参选方案或一个参选方案，有两种评价方法，即相对评价和绝对评价。相对评价是对多个参选方案进行对等的评价，明确各方案相互之间的相对优劣，从中选出最好的方案；绝对评价是对一个参选方案进行评价，考察其是否满足决策者的要求，若满足则作为最终方案，若不满足则对其进行修改或建立新的参选方案，并再次进行评价。

两种评价方法的共同之处是都需要面对具有多元价值观念的决策者，决策者来自于政府、市场和社会，在城市森林规划设计的不同阶段有不同的作用，关注的问题、评价的角度也不会相同。因此，首先要设定不同决策者都认可的评价项目，针对评价项目设立评价指标，可以是定性的指标，也可以是定量的指标。用指标对参选方案进行评价时，还需要参照一定的评价基准，或者是目标基准，或者是水平基准，或者是优劣基准，或者是规则基准。依据评价指标和评价基准就可针对每个评价项目对各参选方案进行评价，最后可以用加权平均法将各评价项目进行综合比较，选择出最优的参选方案，完成评价过程。

主体、评价项目、评价指标和评价基准是构成方案评价的基本要素。欧洲邻里森林研究中总结的对城市森林进行决策时需要的信息类型，对这些信息通过类似性分析、群体化处理、顺序关系和对立关系分析进行综合化处理，就可以得到城市森林规划设计的评价项目，实际上都可以纳入城市森林规划设计的四个维度中去。

五、实施规划

实施规划是对规划方案的各项内容的实施过程进行更为详细具体的安排，根据各类城市森林的特点，明确重点建设项目、建设的时序和空间次序，确定实施主体、实施期限，进行成本效益分析，制定资金筹措方式、保障实施的政策措施等。具体可分成三部分内容：重点建设工程及分期建设规划、经费估算及效益分析、发展策略与实施措施。

重点建设工程是对城市森林整体布局、结构和功能有重大影响的工程，确定重点建设工程的目的是为了找准城市森林建设的着力点，实现以点带线、以线带片，逐步将规划落到实处。确定重点建设工程，需要综合考虑城市森林规划设计的四个维度，从视觉景观维度方面，选取对塑造城市意象有重要影响作用的工程；从环境生态维度方面，选取对改善城市生态环境条件、保护生物多样性有关键作用的工程；从游憩活动维度方面，选取对消除城市森林服务盲区、营造城市森林游憩网络有重要作用的工程；从经济维度方面，选取对形成城市聚集效应、提升城市整体经济价值有重要影响的工程。

制定分期建设规划是从时空范围内安排城市森林建设的次序，也是对城市森林建设人力、物力、财力资源进行合理调配的过程。要按照最近建设的一定也是最需要建设的原则、重点工程与一般项目兼顾的原则、现状与未来兼顾的原则和城乡一体化的原则，立足于城市森林建设现状、城市社会经济发展现状及预期发展状况进行统筹安排。

经费估算及效益分析是对规划方案实施后得到的效果以及实施方案时需要的费用进行的比较分析。费用部分以城市森林建设的直接成本为主，也要适当考虑机会成本，避免城市森林数量不足或过量，影响城市其他功能的发挥。效益部分需要综合考虑城市森林的生态效益、社会效益和经济效益，尽量进行量化计算，实在无法进行量化的也可以采用定性的分析方法。经费估算和效益分析是制定城市森林分期建设规划、确定投资主体、进行资金筹措的重要依据，也是对参选方案进行评价的重要方法，是规划决策的重要依据。

发展策略与实施措施是为了保障城市森林规划设计顺利实施而从社会、经济、技术、制度等层面对规划实施制定的强制性或引导性规定。实施城市森林规划设计，需要在实施过程中保证规划对所有参与人员具有约束力，对城市森林规划设计中涉及公共利益的内容，需要通过公共的社会权力机构和法律规章制度进行确认，成为实施过程中参与人员共同遵守的规则。对于实施中可能会遇到的问题或困难，实施规划应该明确解决的方式或途径，进行积极引导或指导。发展策略包括确立城市森林建设的战略性地位，处理好城市与森林在规划、建设和管理方面的关系问题，协调城市森林规划设计四个维度的关系问题，城市森林规划设计的法制化问题等诸多方面，需要根据特定城市社会经济的发展状况进行制定。实施措施一般包括法规性、行政性、技术性、经济性和政策性等措施，需要根据现实中或未来可能遇到的问题制定相应的应对措施。

六、规划实施、管理与监督

规划实施是依据规划建设城市森林的行动过程，包括两个阶段：一是依据城市森林详细规划进行施工图设计；二是依照设计进行施工。具体到不同的城市森林类型，详细规划、施工图设计和现场施工三个环节有不同的组织方式。比如，对于功能比较单一的经济生产林地和生态防护林地，详细规划和施工图设计可以合二为一；而对于功能、设施比较复杂的风景游憩林地，则需要分阶段进行。

在规划实施中，要想使实施主体按照规划来建设城市森林，必须使实施主体认同规划成果，这就要求实施主体的价值观念与规划决策者的价值观念相一致，或者实施主体本身就是规划的决策者。

实施阶段的规划管理有两层含义：一是对规划实施过程的管理，牵涉设计组织、施工组织、进度安排、人员安排等方面的内容；二是对城市森林进行的管理，城市森林生态系统由有生命的有机体和无生命的无机体构成，对于有机体（如植物和动物）的养护管理是实现城市森林规划设计目标的必要保证。美国和加拿大一些城市制定的城市森林规划设计，就是一种侧重于对现状城市森林进行管理的规划（Urban Forest Management Plan）。通过规划，为城市森林管理提供依据，随着中国城市化进程的加快、城市森林建设的飞速发展，一些城市在城市森林建设数量上将逐步达到饱和，而由数量型增长转向数量与质量并重或注重提升城市森林建设质量的发展阶段，如上海市，"十一五"期间，明确提出绿化建设在增长方式上将由数量型增长为主向数量与质量增长并重转变。因此，关注城市森林规划设计管理，将其纳入城市森林规划设计过程具有非常重要的现实意义。围绕城市森林的管理与控制，已经有学者开始开展相关的研究工作。比如，2007年建设部组织，以上海市的专家为主，联合申报的国家科技支撑计划研究项目《城镇绿地生态构建和管控关键技术研究与示范》，目标定位在建立和完善城镇绿地生态构建和管控集成技术体系与标准规范上，实现中国城镇绿地生态构建与管控的精准、高效的信息支持和系统耦合，提升城镇生态系统健康和生态服务功能，为建设适应中国特殊国情的节约型城镇绿地提供强有力的科技支撑。

实施阶段规划监督的主要任务是监督检查规划实施是否按照规划成果的要求进行，发现规划实施中出现的问题，特别是那些没有在规划成果中反映的新问题，及时进行反馈，调整和修改规划。进行有效监督的关键是建立各方认可的监督规则，即规划控制的指标体系，依据指标进行监督，检查反馈阶段性指标值的达成情况和偏离程度，对规划目标和内容进行适时的调整和修改。

七、规划反馈

严格地说，不能将规划反馈称为规划的一个阶段，因为它贯穿规划的整个过程。确定规划目标时，需要反馈到现状调查与分析阶段，根据规划目标对现状进行补充调查和分析；制定方案时，需要反馈到目标制定阶段和现状调查分析阶段，根据方案制定情况，调整规划目标或对现状进行补充调查和分析等等。由于规划过程充满了不确定因素，因此需要不间断地将后续阶段的内容反馈到前面的阶段，调整认识问题的立场，考虑以前可能忽略的内容，对最初的评价提出疑问，重新定位规划的行动等，使规划成为一个动态的、连续不断的过程。规划反馈的必要性也从一个侧面说明了直线形规划存在的缺陷，代表了与基于物质设计传统和蓝图式规划的传统规划理论的决裂，这正是 20 世纪 60 年代过程规划理论所强调的问题。规划是一个处在进行中的或连续的过程，没有最后的终结状态。

第四节　城市森林规划设计的过程组织

城市森林规划设计是由多个阶段组成的一个环环相扣的过程，它不仅需要按照城市森林发展的客观规律，运用逻辑推理方法探索从现状到未来所应该采取的发展方式，即进行一种求真的实证性规划；而且需要认真吸取组织参与城市森林建设的相关利益群体的不同意见，将其反映到规划过程中去，进行综合协调，达成共识，建立共同的行动准则，即进行一种求好的规范性规划。实证性规划与规范性规划是城市森林规划设计过程的一体两面，对城市森林规划设计的过程进行组织，一方面要对实证性规划过程进行优化，研究各种规划过程的特点和适用范围；另一方面要明确纳入规范性规划过程，考虑各种规划决定力量的作用途径。

一、理性过程规划及改进

理性过程规划程序要求采用综合分析和全面解决问题的方法，需要研究城市森林发展现状中存在的所有问题，研究这些问题的所有方面及相互之间的关系，并且找到解决这些问题的所有方案进行评价，最终选出最佳的解决方案，并按照方案实施这是一种偏向于目标导向的规划方法，因果倒置，以未来理想决定现在的行动，对现实问题往往从整体上、结构上来进行总体的解决。规划注重思想引导，有可能会实现城市森林发展方式的整体变革，适合于对城市森林进行战略性或远景性的规划。理性过程规划往往需要有一定的理论支撑，对资料完备性的要求也决定了这一规划过程需要较长的时间周期。

对理性过程规划批评的论点大多来自实践，涉及脱离实际问题、时间问题、费用问题、复杂性问题、关于价值和目标不能达成协议的问题、资料难以完备的问题、规划者知识局限性问题。它强调技术理性，忽视起决定作用的行政、法律等因素。针对理性过程规划的不足，林德布罗姆（Charles E. Lindblom）提倡一种分离渐进的规划程序，强调从现状出发，通过对现有规划和政策的调整来获得边际变化，不需要高深的理论、详尽的资料和清晰的目标。这是一种偏向于问题导向的规划方法，先因后果，以现在的行动决定未来的变化。分离渐进规划强调对现状的延续，关注短期目标，对于重大的、带有根本性转变的决策是无能为力的，一般只适合于解决小规模或局部性的规划问题。

针对理性过程规划和分离渐进规划各自的优缺点，社会学家埃兹欧尼提倡一种综合性的"混合审视程序"。它由基本决策和项目决策组成，基本决策考虑宏观问题，探索主要战略和规划目标，确定需要进行重点研究的区域。基本决策可以运用简化了的理性过程规划方法来完成，如在城市森林规划设计中可以运用"SWOT"分析，迅速掌握规划对象的特征。项目决策考虑微观问题，是基本决策的具体化，受基本决策的限定，可以由分离渐进程序来完成，也可以依照一种结构化的理性模型进行详细规划。

将上述三种规划过程组织方法与城市森林规划设计类型进行对照分析，可以发现理性过程规划更加适用于总体规划阶段，分离渐进规划更加适用于详细规划阶段，混合审视程序方法综合了两种规划的优点，可以运用于整个规划过程。对照第三章城市森林规划设计过程，可以发现四步骤规划模型和适应性城市森林规划设计与管理模型偏向于分离渐进规划方法，而基于生态系统途径的城市森林规划设计过程偏向于理性过程规划方法。

二、城市森林规划设计双循环结构过程

理性过程规划理论、分离渐进规划程序和混合审视程序有一个共同的特点，即都是围绕规划对象展开，是一种实证性的规划过程。实践表明，城市森林规划设计不仅是实证的，而且是规范的。在规划过程中，可以运用各种科学研究方法，遵循城市森林发展的客观规律，发现问题，提出解决办法，尽可能地使规划符合城市森林发展的事实特征，但可能会遇到政府决策部门不予采纳，或随意更改，将正确的结论束之高阁的现象。以新藤阿克苏城市森林建设总体规划为例，由于规划编制单位与决策者缺乏充分的交流沟通，致使出现中途变更规划名称及任务，编制期限长达3年之久的现象。因此，编制城市森林规划设计，单靠知识的力量，追求科学事实特征是不够的，其还取决于决策者的价值判断，即政府力、市场力、社会力以及三者合力对规划的决定性作用。其中，关键的问题是要将三种力量纳入规划过程，在程序上保证各种力量的作用途径，明晰决策过程。

在规划技术决定一切的形体规划时代，规划者将自己的价值观作为规划采用的价值标

准，认为不同居民和社会团体都会接受同一价值观，因此一般只在总体规划完成后才会征求有关机构和市民的意见，采用的是一种推理式的决策程序。20世纪60年代的生态规划将规划发展成为高度技术性的工作，依据理论建立模型，得出规划结论，都是技术程序的产物，群众不明白也无法参与和评论，只能由专家或学术机构来审查和评估。因此，这种规划通常不再经群众审议而由有关部门或机构负责实施，是一种唯理式的决策程序。城市森林具有多种功能，规划者很难用自己的价值观代替使用者的多元价值观，也不应该设置技术门槛将使用者排除在外。城市森林规划设计应该是一个互动的过程，一方面，规划者从使用者或决策者中了解各种价值观念，将其转化于认识问题，确立目标，提供解决方案的过程中；另一方面，使用者或决策者需要参与规划，理解规划各个环节的意义，从而认可规划，自觉地实施规划。这种互动的过程，有助于促使规划者放弃凭借假定的所需资料和技术解决问题，用一种模式为各类城市编制城市森林规划设计的不良习气，促使规划者面对每一个城市不同的社会经济背景，具体地分析问题，提出有针对性的解决方案，在决策程序上则由推理式、唯理式决策程序走向合理式决策程序。

兼顾实证性与规范性的城市森林规划设计应该采用双循环结构的规划过程，通过实证性循环过程，保障规划不会偏离科学事实的准绳，通过规范性循环过程，保障规划表达特定社会的价值观念。两个循环过程之间通过信息的交流和阶段性的决策，相互作用，构成完整的城市森林规划设计过程，任何环节出现问题，都会影响规划过程的顺利推进。

第五章　城市森林规划设计的方法

　　方法是什么？众说纷纭。康斯坦丁·古特伯雷特称"方法为手段的统筹安排，通过这种安排将最好地达到目的"。鲁道夫·施丹勒认为"方法是规则的集中体现，根据这些规则，认识或意愿的某种素材在统一看法的意义上基本得到确定和判断"。按照上述定义，前文论述的城市森林分类方法、城市森林规划设计的内容、城市森林规划设计的过程组织等都属于城市森林规划设计的方法。本章讨论前章所述的部分理论在规划过程中运用的具体方式、实现途径、为了完成规划过程各阶段的任务需要借助的手段，以及形成部分规则，使规划内容"在统一看法的意义上基本得到确定和判断"。具体包括七个方面的问题：遥感和 GIS 技术在城市森林规划设计中的应用、城市森林规划设计多种适宜性评价方法、城市森林空间布局方法、城市森林规划设计中的植被规划方法、城市森林规划设计中的公众参与、城市森林规划设计的指标体系和城市森林规划设计的评价。

第一节　遥感和 GIS 技术在城市森林规划设计中的应用

　　GIS（Geographic Information System）萌发于 20 世纪五六十年代，是一个收集、储存、分析和传播地球上关于某一地区信息的系统，在景观规划设计领域的运用由来已久。其基本思想可以追溯到英国规划师 Patric Geddes 和美国景观规划师 MacHarg，MacHarg 的叠图方法对于 GIS 技术的形成产生过重要的影响作用。GIS 技术有助于解决景观规划、设计、建设有史以来悬而未决的三大基本难题：（1）运用 GIS 的描述功能，对规划设计现状环境，进行系统、量化、准确、快速的数据信息表达；（2）运用 GIS 的预测和分析功能，对规划设计现状环境及方案，实行理性化、定量化、系统化的分析评价；（3）运用三维 GIS 技术，在建设施工之前，模拟根据规划设计方案建成之后可能出现的情形。

一、GIS 的描述功能

　　GIS 的描述功能是指从 GIS 空间与属性数据库中提取各类规划所需的数据，并通过可视化手段展现结果以利于模式辨别，使规划人员能够全面地掌握所面临的情况，发现潜在的问题及解决线索。

　　在城市森林的现状调查与分析阶段，GIS 可以就收集到的有关地形、植被、水体、土壤、建筑、道路、人口、经济等方面的空间和属性信息，建立以点、线、面对象构成的不同主题图层，根据需要，合并、拆分图层及控制图层的显示形式。所得到的分析结果可以通过GIS专题制图的形式表达出来。

要提升GIS描述功能的工作效率，就需要借助能够有助于快速、准确地提取空间与属性信息的其他技术手段。遥感技术是20世纪60年代发展起来的对地观测综合性技术，具有观测范围大、获取信息快、更新周期短、数据综合性和可比性强的特点，可以极大地提高大范围的信息调查、数据获取的效率，因此已被广泛运用于城市森林现状调查。比如，上海城市森林规划设计、新赖阿克苏城市森林规划设计、江苏无锡城市森林规划设计，利用经过恢复处理和增强处理的遥感影像资料，通过人工解译，可以快速地获得有关土地覆盖和土地利用方面的信息，如城市森林面积、覆盖率、各类城市森林的面积、分布格局等特征。

根据规划工作的需要，可以选用不同地面分辨率的遥感影像，城市森林结构规划可以采用分辨率较低的影像，如15米或10米；详细规划则需要采用高分辨率的影像，如1米或更高。随着分辨率的提高，可以从影像上提取更多对规划有用的信息，如植被类型、树种组成、生长阶段、健康状况等。

上述不同传感器或不同时相的遥感信息可以进行复合处理，还可以将遥感信息与非遥感信息进行复合处理，对遥感图像也可以用计算机进行解译，但一般要进行野外验证。基于GIS的描述功能，还可以开发城市森林建设的信息管理系统，对城市森林规划设计的实施情况进行动态监测，及时反馈，使规划成为一个循环式的发展过程。

二、GIS 的预测和分析功能

GIS的预测和分析功能是指基于GIS数据库中的各类数据并使用内建的或外部的各种分析功能对规划区域在不同条件下的发展趋势做出定性或定量的预测，如利用GIS的空间分析技术，可以对城市森林的布局进行预测和分析，可以进行功能区分析、土地适宜性分析、环境敏感性分析、城市森林的服务半径和居民可达性分析等；利用GIS的三维可视化技术、不规则三角网（TIN）技术进行景观视线、视域分析等。下面结合现有研究成果介绍部分预测分析的工作思路。

1. 城市森林服务半径和居民可达性分析

利用GIS的Buffer功能，在分析对象周围绘制等距线，在等距线所包络的范围之内，离开或到达分析对象的直线交通距离小于服务半径；在等距线包络区之外，则大于服务半径。如果将这种基于矢量的分析方法改为基于栅格，则分析的结果是离开分析对象按一定距离递增的、连续的栅格，每个栅格的取值是离开分析对象的距离。

在城市里，交通一般受道路限制，可利用基于GIS的网络分析技术，产生受到道路走向、速度、交通管理限制的等时线。该方法是考虑步行速度的栅格距离的计算，居民沿道路步行的速度、穿越居住区、绿地、空地的步行速度等分别给予不同的权重，其作用、效果和等时服务范围相似。

2. 景观视线、视域分析

视线、视域分析主要利用 ArcGIS 中的 3DAnalyst 扩展模块进行。视线分析是判断三维表面上任意两个点之间是否通视，可以指定观察点和目标点的高程，也可以通过借用生成纵剖面的方法，绘一条直线，产生沿着该直线的纵剖面，再观察起点和终点间的视线遮挡状况。

视域分析是用来确定从三维表面上的某一点向周围观察可以看到的范围，或者沿着某一路径运动可以看到的范围。做视域分析除了要有一个代表三维表面的 TIN 或 Grid 外，还要有一个观察点或观察路径图层。观察点是一般的点状矢量图层，观察路径是三维的 Shape 文件，分析结果是栅格图层，每一栅格单元的取值表示该点被观察到的次数。

土地适宜性分析是景观规划设计的传统方法，借助 GIS 技术将会极大地提高工作效率，本章第 2 节将结合城市森林规划设计的多种适宜性评价进行论述。基于 GIS 的预测和分析功能，还可以开发针对城市森林规划设计的其他软件。比如，美国林业局 1996 年推出的 CITYgreen 软件，基于 ERSI 公司的 GIS 软件 ArcView3.x 开发而成；2002 年美国林业局又推出了 CITYgreen5.0 版，分析功能不断提高。利用 CITYgreen 软件，可以对任何区域的城市森林进行结构分析与生态效益评价，还可以根据植被的现状，通过生长模拟，对植被所发挥的生态效益做动态预测，并可根据不同的城市绿地规划方案，评估其生态效益，以用于辅助决策。

三、三维 GIS 的应用

三维 GIS 具有连续的数据结构和与之相应的分析功能，可从空间的角度分析和显示物体，从而帮助人们更加准确真实地认识感受客观世界，是近年来兴起的高科技前沿研究领域。

比较有名的三维 GIS 软件有：ERDAS 公司的 ERDASVirtualGIS、ESRI 公司的 ArcView GIS 3D Analyst，LYNX，IVM，GOCAD，SGM 等。国内已有应用实例，如顾杰等对西湖西进后自然三维景观的模拟。

三维 GIS 技术和 WebGIS 技术为城市森林规划设计的公众参与提供了直观的支持，有助于规划过程中发挥社会力的作用。

四、GIS 应用的关键问题

从目前的计算机硬件与 GIS 软件的性能与功能而言，GIS 在城市森林规划设计中有关数值计算、数据储存、检索方面较为成熟，而在逻辑判断、推理、演绎方面则较为欠缺。应用的关键问题是数据获取、输入与更新。城市森林规划设计至少牵涉四个维度方面的信息，这些信息通常来源于不同的部门，当前在中国各地普遍存在技术基础差、信息规范化程度低、管理水平低的问题，造成数据收集、输入的成本更高。再加上行业条块分割，造成数据拥有权、使用费用及版权保护等问题也常常增加了 GIS 应用的难度。另外，就是应用数据的标准化问题，常常造成部门之间相同的数据不能重复使用、不能共享。要解决这些问题，需要政府部门统筹安排，使某个部门的空间、属性数据可以供多个部门共享，并相互交换，或由政府部门统一组织，建立公共数据库，解决某些基本数据的来源，从而降低整个社会的数据输入费用。

城市森林规划设计要面对大面积的用地范围，同时它还是一个动态的过程，因此，从规划开始就要考虑到数据的更新和维护，要有相应的机制，使数据采集工作逐步地变为日常性的事务，这是 GIS 在城市森林规划设计中持续运行的必备条件。同时，在进行系统设计时，就应该考虑到不同类型的应用数据的采集与数字化的次序，使系统有可能实现边采集边应用，或者先局部应用，再逐步推进。

第二节　城市森林规划设计多种适宜性评价方法

一、城市森林规划设计多种适宜性评价的概念

在景观规划设计领域，土地适宜性分析方法经过 MacHarg、Elliot、Steinitz 等人的发展已逐渐趋于成熟，但以往的分析方法多是一种单功能的分析方法，即为每一块用地确定一种功能。

城市森林具有多种功能，概括而言，主要有生态功能、景观功能、游憩功能和经济功能。这四种功能之间往往并不是相互排斥的关系，而是可以同时并存于同一块林地。但是，受区位条件、人口分布、城市环境等因素的影响，同一块林地的各功能之间仍然存在主次关系，直接影响了城市森林的布局结构、植被类型、树种组成等规划内容。

确定城市森林的功能、布局与形态，需要考虑四方面的因素：一是现有城市森林的功能、布局与形态；二是林地所处各种自然环境和人工环境的影响；三是林地之间的竞争关系；四是林地自身存在的时空变化。

城市森林规划设计多种适宜性评价就是在一定的评价范围内，综合考虑各种影响因素，借助于 GIS 强大的空间分析能力，尤其是处理空间、属性一体化数据上具有的独特优势，根据城市用地的自然和社会经济属性，研究土地对城市森林多种功能的适宜程度，为城市森林规划设计各主要环节提供科学性、合理性依据。

二、评价目标

城市森林规划设计多种适宜性评价拟解决以下四个问题：

（1）评价现有城市森林，主要从空间布局结构方面分析现有城市森林存在的问题，如功能定位是否合理、功能的实现程度如何等，为规划中对现状城市森林的改造、提升与完善提供依据；

（2）分析城市环境对城市森林的影响和制约作用，从城市自然和人工环境（包括现状和规划两方面）与城市森林建设的关系上，分析城市森林的空间布局和功能定位，为城市森林规划设计结构与布局，以及分类规划提供依据；

（3）评价不同城市森林用地在实现相同功能时的重要程度，分别功能，确定城市森林用地建设的适宜性等级，为分类规划和分期规划提供依据；

（4）评价同一城市森林用地不同功能的主次关系，分析用地在建设过程中的时空变化，为城市森林动态建设管理提供依据。

三、理论依据

1. 城市森林生态位势论

城市森林生态位势论指出城市森林与城市环境具有相互影响、相互制约的关系，可以用"城市森林生态位"与"城市生态场势"来概括。二者存在相互作用的关系，代表了特定城市森林类型相对于特定城市地域单元的适宜程度。城市森林规划设计多种适宜性评价就是通过判断城市不同地域单元生态场势的差异，为具有不同生态位的城市森林类型的空间布局提供依据，实现城市森林生态位和城市生态场势均衡协调的目的。

2. 基于城市复合生态系统的城市森林规划设计的维度

基于城市复合生态系统，可以将城市森林规划设计的维度归纳为四个，分别是环境生态维度、视觉景观维度、游憩活动维度和经济维度，其中每个维度又都由多个因子构成。城市森林规划设计多种适宜性评价需要对多个维度多个因子进行评价，由于牵涉大量的数据，在实际应用时，各地可根据规划的主要任务灵活运用，如可以对单个维度进行评价，以确保城市森林实现某一方面的功能。

四、评价指标体系

1. 指标选择原则

（1）针对性原则。针对特定维度选择相应的评价因子，避免不相关因子的干扰。

（2）主导性原则。选取对土地适宜性起主导作用的因素，减少多余次要因素的干扰和烦琐无效的计算。

（3）稳定性原则。选取较长期稳定影响土地适宜性的因素，避免短期影响因素的干扰。

（4）现实性原则。尽量选取目前能够获取信息的因素。

（5）历时性原则。选取对城市现在、近期和远期都会产生影响的因素，考虑因素未来的变化趋势。

（6）可计量原则。尽量使指标能量化计算，减少主观臆断的误差。

2. 建立评价指标体系

按照上述指标选择原则，基于城市森林规划设计的四个维度，建立的评价指标体系层图由目标层和三级续分层组成。其中，因素层由城市森林规划设计的四个维度组成，每个维度包含若干指标，构成指标层；每个指标又由不同的因子组成，统计分析中的量化处理由最低层——因子层实现。

五、评价技术路线

借助 ArcviewGIS3.1，分三个阶段完成城市森林规划设计的多种适宜性评价，分别是单维单因子适宜性评价、单维多因子适宜性评价和多维多因子适宜性评价。

单维单因子适宜性评价，首先需要建立单因子 GIS 空间属性数据库，数据格式为矢量数据，对评价单元的赋值根据不同维度的特点可以采用不同的方法。

单维多因子适宜性评价，根据不同的评价因子对土地适宜性的影响强度不同，用层次分析法（AHP）确定与该因子影响强度相对应的权重，采用加权指数和法，依次叠加各单因子矢量图层，求得各评价单元的总分值，得到评价单元综合布局图，据此判定其适宜性等级。

第三节　城市森林空间布局方法

城市森林空间布局是城市森林规划设计的关键环节，城市森林的多种功能只有落实到分布于城市地域中的各种城市森林类型中才能最终实现。城市森林空间布局包括林地空间布局和植被空间布局两个方面，规划采用"顺序推进、阶段递进"的方法融合林地与植被。其中，林地空间布局是基础，在宏观与中观尺度上决定了城市森林的形态，植被空间布局是关键，在中观与微观尺度上，决定了城市森林的最终形态。本节主要探讨林地空间布局的方法，植被空间布局将在本章第四节进行探讨。

林地空间布局随着城市森林类型、发挥的主要功能、所处城市梯度的不同而有不同的方法，按照城市森林规划设计的四个维度，大致可以将其概括为面向游憩活动维度的系统层次规划方法、面向视觉景观维度的形态规划方法、面向环境生态维度的生态规划方法和面向经济维度的控制指标规划方法。

一、面向游憩活动维度的系统层次规划方法

该方法以满足使用者游憩活动的需求为目的，涉及审美、心理、社会、教育、科学和价值观念等问题，关注城市森林的大小、空间分布、使用者与游憩活动的相容性、城市森林的可达性、可视性以及对特殊需要的适宜性等问题，在城市森林空间布局中采用一种功利主义的观点，即城市森林存在的理由在于其能够为特定的使用者提供服务。因此，城市森林的数量、类型和位置就成了该方法需要解决的核心问题。在实践中常常表现为两种相互关联的形式，一种是设定空间标准，另一种是分级配置以游憩功能为主的城市森林类型。

1. 设定空间标准

在城市森林与服务人群之间建立数量上的匹配关系，常以人均占地指标的形式出现，由于仅需要遵循一定的数值，不需要考虑复杂的社会和生态系统特征，容易操作，因此在世界各国得到了广泛应用。比如，英国国家娱乐联合会（NPFA）1925年提出每1000人应有2.8km²开敞空间，其中有0.4km²装饰性公园；中国国家林业局2007年3月颁布的《国家森林城市评价指标》规定，城市建成区人均公共绿地面积9平方米以上，城市中心区人均公共绿地5平方米以上。人均占地指标常需要与其他标准相结合以综合反映市民的需求，如服务范围、最小面积、空间分布、居住密度和活动类型等。

2. 分级配置城市森林类型

在城市森林的类型、规模、设施与服务范围之间建立对应关系，形成对应于不同社区尺度，从小到大，分级配置的城市森林游憩空间体系。各空间之间可以连接也可以分隔，为市民提供尽可能多的游憩机会。比较典型的是由不同等级公园绿地形成的公园系统。

系统层次规划方法关注于人类游憩活动需求，操作方法简单易行，比较适合于公园绿地和风景游憩林地的空间布局，在新开发的地区比较容易落实。对于已建成地区，则要受诸多限制。其主要的不足之处在于，采用机械决定式的思维方式，单纯注重市民的需要，追求服务的均好性，缺乏对场地现有特征的关注，有可能会忽视对重要自然景观或具有重要生态和环境价值地段的保护。

二、面向视觉景观维度的形态规划方法

形态规划方法是将城市森林限定于特定的形态中，反过来影响周边建成区域的形态和空间布局。这一规划方法可以追溯到霍华德的田园城市理论，霍华德试图通过综合性的城市规划来实现社会改革的目的，为了更加清晰地阐述这一理论，他绘制了"田园城市"的规划图解方案。在这一方案中，开敞空间与建设用地具有同等重要的地位，位于中心的公园、呈环带状的公园、放射状的林荫道、城市外围永久性绿地等开敞空间形态成为田园城市空间结构的重要组成部分。这些规划思想及形态发展成为日后城市绿色开敞空间规划中经常出现的形态，比较典型的有"绿带""绿心""绿指"和"绿道"。

绿带强调城市空间的聚集，通过环绕城市来控制城市的蔓延；绿心强调城市空间的分隔，用绿色开敞空间来防止城市的拼合。前者多出现在具有单中心的城市，如德国的柏林布兰登伯格地区；后者多用于具有多中心的城市，如荷兰的兰德斯坦德地区。绿心和绿带是通过绿地表现出来的城市空间结构，是立足于城市的一种单向思维方式，二者都忽视了城市与乡村的相互作用与联系，体现了城乡二元的规划思想。这只是规划师头脑中"理想城市形态"的一种抽象表达，并不能从景观的生态或美学功能上取得直接的依据。

绿指也称"绿楔"，是一种穿越建成区域的条带形的绿色开敞空间形式，具有连通城市内外、提高可达性、通风导气的特点，也是一种常用的布局形式。典型的实例，如丹麦哥本哈根的指状规划；《上海市绿化系统规划》提出了"环、楔、廊、园、林"规划结构，其中的"楔"由位于外环线附近，有可能延伸到中心城区的八块大型的林地构成，也是这种规划思想的体现。

绿道关注于城市中的线形绿色开敞空间，在上文已有论述，与前几种形式相比，其更加关注自然资源的保护，而且能够突破城市形态的限制，将城市与乡村联系起来。但由于主要关注线形区域，其所发挥的作用也是有限的。

从城市形态出发进行城市森林的空间布局是城市森林规划设计中形态规划方法的另一层重要含义。关键是要从城乡一体化的角度，考虑影响人类聚居形态的各种作用力，特别是不确定力的作用。

形态规划方法的第三层含义是结合城市意象的城市森林空间布局方法，它不仅包括对形成城市意象有重要作用的自然要素，如山脉、河流；而且包括人工要素，如道路、标志性的人工节点或区域，这些都对城市地域特色的形成具有重要作用。

面向视觉景观维度的形态规划方法比较直观，借助平面图或遥感影像资料就可以进行规划工作，对于社会或生态系统也不要求全面的调查了解，因此它是一种被广泛应用的方法。形态规划方法对城市森林类型没有特别的要求，但是在适用范围上，更多地适用于建成区范围，受城市形态的影响较大，受规划师的主观因素影响较大，形态本身有时很难找到确切的依据。

三、面向环境生态维度的生态规划方法

该方法以保护自然资源价值，维护生态环境平衡为目的，涉及复杂的生态系统问题，以及受外界因素影响的各种流的运动过程，常常需要关注诸如完整性、稀缺性、多样性、景观的脆弱性或独特性、生态系统构成要素等问题场地。当前的自然特征对于规划具有决定性的影响作用，因此，规划始于对规划区域自然属性数据的收集与分析，根据分析结果确定需要保护的地区和可以开发的地区。

一方面，生态规划方法是一个笼统的名称，随着数据类型、分析方法、规划尺度、解决问题等的不同，可以表现为多种形式，相应地规划成果也有不同的表达形式，如生态网

络、绿色基础设施、多种适宜性分析等。

生态规划方法在一定程度上也表达了功利主义的观点，即从社会需求的角度确定需要保护的自然资源及保护水平。许多学者从环境伦理学的角度认为，所有的生物都具有平等生存的权利，而不论其是否对社会有利，从而使生态规划向以生物为中心的方向发展。

一方面，生态规划方法由于需要收集大量的数据，有的数据不易获取，以及需要对数据进行分析处理。因此，与其他方法相比，这种方法费用较高、过程比较复杂，要求规划师具备一定的生态学知识，而且在数据分析处理时仍然会带有主观性，这就使得生态规划方法的广泛运用受到了限制。另一方面，生态规划方法也可能忽视人们对城市森林使用的需求，因此，需要与其他规划方法结合使用。从适用的范围来看，生态规划方法更适于建成区以外，自然资源保存较多的地区，但作为一种遵循自然过程，强调人与自然和谐相处的规划方法，生态规划方法是一种最具有弹性的规划方法。其基本原理适用于各种规划尺度、各种城市森林类型，应该贯穿于城市森林规划设计的全过程。

四、面向经济维度的控制指标规划方法

城市森林规划设计需要借助一定的控制手段来减弱未来的不确定性，常用的一种方式是控制各类用地的绿地率和绿化覆盖率。这是政府借助规划对城市森林与其他用地竞争性使用的宏观控制，是对公共利益保障的必要措施，体现了政府代表全体市民的意志力。不同的用地比率实际上反映的是一种经济关系，城市森林以机会成本为代价，平衡着经济效益、环境效益与社会效益三者的关系。建设部 1993 年出台了《城市绿化规划建设指标的规定》，根据我国目前的实际情况和发展速度，对人均公共绿地面积、城市绿化覆盖率和城市绿地率进行了规定。

控制指标规划方法的另一层含义是，需要引导和控制各类城市森林用地的比例。这涉及城市森林内部功能的协调问题，至今尚无国家标准，但可以肯定的有两点：一是各地社会经济发展水平不同、资源条件不同，相应的各类城市森林的比例也不同；二是同一城市所处的不同发展阶段，随着社会经济建设重心的转移、人们需求的变化，相应的各类城市森林的比例也应该有所变化。

但是，仅有数量指标还不够，因为城市森林的位置及形态如果无法确立，就无法引导和控制城市森林外部效益的发挥，从而无法保证公共利益的实现。因此，对于未来不确定的用地类型，规划不仅应该控制绿地的绝对数量，更应该控制其相对位置及形态，将其对公共利益影响的不确定性降到最低，这就需要建立一套在规划中可以落实的控制指标体系。

上述四类有关城市森林空间布局的规划方法，彼此之间并不存在相互排斥的关系，往往需要综合运用。比如，对于生态防护林地，既需要用生态规划方法确保城市森林的环境生态功能；也需要用形态规划方法，使其与城市形态相呼应，有助于城市整体意象的形成；还需要用控制指标的规划方法，确保其能全部落到实处，实现三大效益的平衡；甚至需要

用系统层次的规划方法，将其与公园绿地、风景游憩林地连成一体，满足市民游憩活动的需求。四类规划方法特点的比较见表 5-3-1。

表 5-3-1 城市森林空间布局四类方法比较

名称	操作难度	过程耗时	复杂程度	技术要求
系统层次规划方法	较容易	较短	较简单	较低
形态规划方法	较难	较长	较复杂	较高
生态规划方法	难	长	复杂	高
控制指标规划方法	容易	短	简单	低

第四节　城市森林规划设计中的植被规划方法

城市森林规划设计采用"顺序推进、阶段递进"的方法融合林地与植被。本章第三节针对林地，探讨了城市森林空间布局方法；本节将针对植被，分总体规划和详细规划两个层次，探讨其规划方法。

一、植被规划的两种倾向

改造利用植被，传统方法大致有两种倾向：一种是造林与森林经营，以及以此为基础的林业生态工程，强调植被的生产功能，目标是保护改善与持续利用自然资源与环境；另一种是基于视觉、审美、精神目的对植物材料的运用，强调的主要是植物的游憩欣赏价值。目的不同，植被规划设计方法也大相径庭，前者在造林地段上划分出林班、小班，将有限的既定树种按照确定的株行距进行栽植，形成的景观往往比较单一；后者则会认真推敲植株的文化寓意、形体特征，根据环境氛围精挑细选，并遵照形式美的法则进行配置，以求创造优美的景观形象。面对多功能的城市森林，由于涉及复杂的社会、环境、经济问题，以上两种方式都存在局限性，确有必要寻求新路。

二、影响植被规划的因素

从城市森林规划设计的四个维度进行考察，植被规划受自然环境因素、社会文化因素和经济因素的影响。

1. 自然环境因素

包括环境中的温度、水分、光照、空气、土壤、地形地势、生物等对植被的生长发育产生重要影响的因子，是植被规划的客观影响因素。

全球气候环境是植被分布的一级制约因素，直接造成了植被有规律的地带性分布。与地带性植被相对应的是非地带性植被，或称"隐域植被"，是由于受下垫面影响而生长发育成的植被类型。对于特定的用地范围，生物环境往往从由气候主控的相对均匀适宜的环境，过渡到由下垫面因素控制的小生境，植被规划必须做到适地适树。

在种群和植株的层次上，根据生态位和生态系统的结构理论，植被规划应从时间、空间的角度合理安排植株及种群间的功能关系，实现生物群体对环境资源利用的最大化。

2．社会文化因素

社会文化因素是指人类希望植被所承担的各种功能及当地的文化传统、风俗习惯、价值体系和意识形态等，它是植被规划的主观影响因素。

久居喧嚣都市中的人们渴望回到大自然的怀抱，郁郁葱葱的城郊林地有一种天然内在的吸引力，植被规划要基于人的生理、心理、精神感受，营造出情趣迥异的绿环境，满足人们的游憩、赏景、娱乐需求。对植被功能的取舍，体现了社会文化背景、意识形态、价值观念等深层次的东西。实际上，人类对自然的改造，尽管受制于客观的自然环境因素，但最终仍取决于主观的社会文化和经济因素。

3．经济因素

政府和开发商希望通过城市森林建设增强城市吸引力，提升城市整体或具体地段的经济价值；城郊地带的居民有利用植被增加收益的经济方面的需求，传统上，这一需求通过砍伐木材或获取其他林产品得到满足，现在，旅游业的蓬勃发展为发展经济提供了新的途径。植被规划要平衡各种增加经济收益的方式，实现城市森林的经济功能。

另外，从可行性的角度出发，当地的经济状况直接制约着规划的落实，因此，要贯彻实事求是、因地制宜的规划思想。

三、城市森林总体规划中的植被规划方法

城市森林总体规划中的植被规划主要解决的是定性与格局的问题，就是要确定植被的空间分布格局、群落类型、结构和树种组成，并对现状植被提出改造利用的方向。规划步骤如下：

1．现状调查、分析、评价

在城市森林规划设计的现状调查与分析阶段进行，包括自然环境和社会经济环境。自然环境可借助遥感技术和 GIS 技术进行，内容有：（1）环境背景调查，明确影响植物生长的生态因子，辨识限制因子；（2）调查现有植被的位置、面积、群落类型、结构、种类组成、林龄、长势、卫生状况、景观效果、各类植被单位面积的种植和养护成本等，分析存在的问题；（3）认知地带性植被和隐域植被，以借鉴其群落结构、树种组成等特征，体现师法自然的传统景观规划设计思想。

社会经济环境调查的内容包括：（1）社会历史、文化传统，地方风俗习惯，人们的审美偏好，城市经济发展状况等因素的调查；（2）现状绿色投资率、公共投资比率、植

被投资率等经济技术指标的调查;（3）苗木资源、地方苗圃育苗情况、苗木供给水平的调查。

这一部分工作还包括对地方规范或技术规定和相关规划的全面了解。

2. 确定规划目标

根据城市森林总体规划的定性、定位、定形，明确植被所要承担的功能，确定规划所要实现的目标。目标制定的过程是分析综合各影响因素的过程，也是价值判断、利益取舍的过程。

3. 制定规划原则

制定规划原则可以与城市森林总体规划指导思想和原则相结合。

4. 确定植被群落类型、结构和树种组成

采用"二分法"对城市森林进行分类，确定本地适用的城市森林类型。以地带性植被和隐域植被为参照，确定各植被类型的群落结构，和相应的树种组成。

5. 确定植被类型分布比例

植被类型空间分布受林地空间布局限制，但并不存在一一对应的关系，同一植被类型可以分布于不同的林地，同一林地可以有不同的植被类型分布。在城市森林总体规划阶段，确定植被类型空间分布，主要是确定各类植被在某一地块中分布面积的比例关系，对城市森林覆盖率、自然度和平均叶面积指数等指标有重要的影响作用。

6. 确定现状植被改造利用方向

对于用地现状的植被应尽量保留利用，实在不符合规划目标的也要寻求适当的改造途径，切忌乱砍滥伐。

7. 确定植被经营、养护管理的方式和措施

针对不同的植被群落类型，提出原则性的要求。

8. 统计经济技术指标

统计经济技术指标包括规定性指标和引导性指标，如城市森林覆盖率，自然度，平均叶面积指数，植被类型面积、比率，树种丰富度、乡土树种比例，保护树木数量等，以检验并适当调整规划，并提供与类似项目进行比较的量化指标。

四、城市森林详细规划中的植被规划方法

城市森林详细规划中的植被规划主要解决的是植被的定量与定形的问题，要确定植被的空间布局、群落形态、树种结构、树种配置方式、种植密度等，并对现状植被提出具体的保护措施和改造利用方式。在用地上可分为两类，一类为独立的城市森林用地，另一类为其他用地类型中设置的附属绿地。规划步骤如下：

1. 现状调查、分析、评价

调查可借助于摄像、摄影和相应的图表及文字说明来进行，应深入到具体生境和单株树木。其中，生境包括小气候条件、土壤条件、水资源、立地条件，树木情况包括树种、数量、位置、树龄、长势、健康状况、景观效果等。

2．确定详规原则及目标

依据城市森林总体规划和相关规划，根据详细规划地块的性质和现状条件确定植被详细规划的原则和目标。

3．确定植被空间布局

对于独立的城市森林用地，需要结合道路、水体、地形、建构筑物等景观要素，确定各类植被在林地中分布的位置和范围；确定群落的形态，如林位、林缘线、林冠线等；树种的配置方式，如林植、群植、丛植；划分不同树种类型的比例，包括乔、灌木的比例，常绿树种与落叶树种的比例以及速生树种与慢长树种的比例；给出植被的水平郁闭度和垂直郁闭度。

对于附属绿地，主要考虑与该类用地性质和景观风貌上的协调，要在寻求自身特色的同时，注意与区域大环境的关系，其余规划内容基本同上。

4．对现状植被提出具体的保护措施和改造利用方式

处理好新老植被之间、植被与其他景观要素之间的关系。

5．制定植被经营、养护管理的具体方式和措施

针对不同的植被类型及环境条件，对植物的修剪整形、土水肥管理、自然灾害防治、中耕除草、防旱保墒、病虫害防治、疏伐和补植等方面提出具体的要求。

6．统计经济技术指标

统计经济技术指标包括规定性指标和引导性指标，如森林覆盖率、植被类型比率、单个植被优势度、树种丰富度、单个树种优势度、树种结构、年龄结构、健康结构、乡土树种比率、种植密度、树木保护水平、通透性、景观协调性、郁闭度等，通过在详规地块内的平衡，检验调整规划。

第五节　城市森林规划设计中的公众参与

中国共产党第十七次全国代表大会报告明确提出"人民民主是社会主义的生命""保障人民的知情权、参与权、表达权、监督权""增强决策透明度和公众参与度"等，指出了发展社会主义民主政治的重要意义和实践途径，需要在各项工作中进行贯彻落实。城市森林规划设计作为一项与群众利益密切相关的公共政策，理应倡导规划全过程的公众参与。

一、城市森林规划设计中公众参与的概念

城市森林规划设计中的公众参与是指城市森林规划设计相关利益群体通过一定的途径或程序，采用各种形式，针对城市森林规划设计的内容，交换信息、表达观点、陈述喜好，进行决策、执行、监督与评价的过程或行为。

公众参与的主体是"城市森林规划设计相关利益群体"，具体包括规划专业人员和城市森林规划设计中起决定作用的三种力量——政府部门代表的政府力、企业代表的市场力、社会团体和个人代表的社会力，这三种力量各有不同的价值取向。

公众参与的方式是"通过一定的途径或程序，采用各种形式"，涉及何时参与、如何参与的问题。城市森林规划设计可以分成不同的阶段，双循环结构规划过程认为每一个阶段都存在决策的问题，因此，公众参与应该贯穿于全过程。对于这一问题，不同的参与主体有不同的看法，对芬兰赫尔辛基城市森林规划设计公众参与情况的调查研究表明，市民希望能够早日参与规划，而政府部门则希望市民晚些介入，认为允许市民就规划方案发表意见就可以了。对于如何参与的问题，涉及公众参与的技术，问卷调查、分组讨论、个别咨询、现场踏勘、公示投票、热线电话等都是常用的技术，不同的参与技术有不同的作用，可以用于不同的阶段，不存在一种适用于所有阶段的通用技术。Gerben Janse 和 Cecil C. Koni jnendi jk 在"邻里森林"的课题研究中比较了各种公众参与方法的优缺点，得出了类似的结论。

公众参与的客体是"城市森林规划设计的内容"，也就是城市森林规划设计各阶段围绕林地与植被所要完成的任务，包括对城市森林现状的调查与分析，明确规划需要解决的问题；确定规划目标，使其符合规划主体的价值取向；制定规划参选方案，为实现目标探索各种可能的途径、方案评价与选择，仍然包含规划主体的价值判断，实施规划，对资源进行时空分布以利于将规划付诸实践；规划实施、管理与监督，在实施规划的过程中进行监督、评价与反馈。

公众参与的内容是主体围绕客体，通过一定的参与形式，"交换信息、表达观点、陈述喜好，进行决策、执行、监督与评价"。其本质上是一种信息的相互交流过程，信息交流的方向、时序、主次关系直接决定了公众参与的程度。

二、城市森林规划设计中公众参与的必要性

城市森林规划设计中公众参与的必要性首先是由城市森林规划设计的性质决定的。城市森林规划设计不仅是实证的，即规划应该遵循城市森林发展的客观规律，符合城市森林发展的事实特征，成为"真的""正确的"规划；而且是规范的，即规划应该反映主体的价值观念，体现城市森林发展对人的功利性价值，成为"好的"规划。因此，要使城市森林规划设计成为一个规范性的规划，就必须通过公众参与的方式，表达现代社会的多元文化和价值观念。

其次，公众参与的必要性是由城市森林的经济属性决定的。城市森林可以是纯私人物品、俱乐部产品、共有资源或者是纯公共物品，决定了建设主体的多样性。因此，为了便于规划的实施，需要通过公众参与的方式来反映未来多样的建设主体的价值观念和主观意志。由于城市森林的外部性特征，某一处城市森林建设会对周边环境产生影响。因此，就

有必要通过公众参与的方式协调相关群体的利益，特别是保证公共利益不受损失。

再次，公众参与的必要性是由生态文化的培育决定的，生态文化是指人类在实践活动中保护生态环境、追求生态平衡的一切活动和成果，也包括人们在与自然交往过程中形成的价值观念、思维方式。《国家森林城市评价指标》将生态文化建设作为一项必不可少的考核指标，彰显了生态文化在城市森林建设中的重要地位，在城市森林规划设计中加强公众参与有利于推动生态文化建设。

最后，公众参与的必要性是由城市森林的发展阶段决定的。在城市森林建设的初始阶段，作为一种需求追从型的建设，符合全社会的意愿，比较容易实施。随着基本短缺问题的解决，当城市森林建设由数量增长型建设向数量增长与质量增长并重转变时，将对城市森林规划设计提出更高的要求，这时确定的各种城市森林类型、满足市民活动需求的各种功能已经不再是忽视个体差别的抽象的类型和功能，而需要面对具体的环境条件和服务对象，进行有针对性的规划工作，这就需要借助公众参与的方法来实现从抽象向具体的转变。

三、城市森林规划设计中公众参与的层次

公众参与中信息交流的方向、时序、主次关系直接决定了公众参与的程度，阿恩斯坦（Sherry Arnstein）曾将其形象地概括为公众参与的阶梯，分成3种参与程度、8个参与层次。

（1）无参与。无参与由两个层次组成，规划制定后由公众来执行，信息由政府部门向公众单方向传送，且在规划编制完成以后进行，政府部门占有主导地位。

（2）象征性参与。象征性参与由三个层次组成，公众参与到规划编制过程，信息双向交流，但政府部门拥有决策权，在信息的选择上占主导地位，公众信息或者不受重视，或者仅部分吸收；

（3）市民权力。市民权利由三个层次组成，公众参与规划全过程，信息双向交流，公众与政府部门共同决策，在最高阶梯，市民甚至可以控制决策。

当前，中国城市森林规划设计中的三种力量根据城市森林类型的不同和规划阶段的不同，此消彼长，基本上可以覆盖阶梯的各个横档。对于城市森林总体规划，目前基本上处在无参与或象征性参与的位置上；对于城市森林详细规划，城市森林类型不同，参与情况也不同，对于以政府部门为主导的公园绿地或生态防护林地，基本上也是处在无参与或象征性参与的位置上；而对于市场化运作的附属绿地，如居住绿地，由于控制指标较少，开发商具有较大的自由量裁权，政府部门及市民处在被动的位置上，对于具有纯私人物品属性和俱乐部产品属性的城市森林类型，情况都与此类似。中国城市森林规划设计目前公众参与水平较低，有必要采取相应措施，如制定更加完善的控制指标体系或建立由相关利益群体参加的方案审查及验收制度来进行约束。

四、城市森林规划设计中公众参与的技术

城市森林规划设计中公众参与的技术与参与的目的密切相关，对芬兰赫尔辛基城市森林规划设计公众参与情况的调查研究表明，问卷调查对于收集数据比较有效；公众会议对于增加市民相关知识比较有效；规划小组会议有利于沟通观点，避免意见分歧。调查显示，尽管现代技术，如网络技术、虚拟现实、GIS 技术等为公众参与提供了新的方式，但不能够替代传统的参与方法，如会议、现场踏勘、民意调查等。

公众参与技术与规划阶段密切相关，如在现状调查与分析阶段，需要发现现状存在的问题，则现场踏勘、访谈、问卷调查、座谈会等技术比较有效，在方案评价与选择阶段，专家研讨会、公示投票、公众听证会等技术比较有效。

公众参与技术还受特定社会文化传统的影响，地区不同，适宜的技术也有区别，表 5—5—1 参考现有研究成果，分规划阶段列出了可以采用的公众参与技术，供各地在编制城市森林规划设计时参考，是否可行还需经过实践的进一步检验。

表 5—5—1 对应于城市森林规划设计阶段的公众参与技术

规划阶段		公众参与技术
1	现状调查与分析	规划工作组、现场踏勘、访谈（当面、电话）、问卷调查、座谈会、研讨会、规划委员会、咨询委员会、德尔菲法、综合评价、网络调查
2	确定规划目标	规划工作组、规划委员会、焦点团体、座谈会、咨询委员会、德尔菲法、意愿调查、公示投票（报纸、网络、电台、宣传栏）、综合评价、专题活动
3	制定规划方案	规划工作组、规划委员会、咨询委员会、德尔菲法、头脑风暴、规划设计竞赛、网络征集
4	方案评价与选择	专家研讨会、规划委员会、规划工作组、公示投票（报纸、网络、电台、宣传栏）、公众听证会、综合评价、焦点团体、协调会、现场踏勘
5	实施规划	规划工作组、规划委员会、公示（报纸、网络、电台、宣传栏）、公众听证会、协调会、咨询委员会、焦点团体、座谈会、意愿调查、专题活动
6	规划实施、管理与监督	巡访、回访、定期总结会、现场踏勘、意见征求（热线电话、网络）、问卷调查、座谈会、规划工作组、规划委员会

第六节　城市森林规划设计的指标体系

从控制论的角度上说，可以将城市森林规划设计看作是一个始于信息的采集与输入，经过信息的分析与处理，再进行信息的输出与执行的过程。其中，信息反馈与决策贯穿始

终，使规划成为一个动态的、连续不断的过程。这一过程至少包含两方面的内容：一是对过程本身进行组织管理与控制，使规划各环节的衔接与过渡既符合理性逻辑的规定，又满足规划各种决定力量的现实要求，针对这部分内容，本书第四章，提出了城市森林规划设计的双循环结构过程；二是围绕规划对象，立足对象现状，面向发展目标，运用一定的手段和途径，控制发展轨迹，引导发展方向，使规划对象不断地由现状向未来发展目标趋近，直至实现预期的规划目标。这是以物质空间形态呈现的规划对象从现状到未来的发展过程，也是城市森林规划设计的核心内容，其中所要解决的关键问题是建立一套针对规划对象物质空间形态的指标体系，借助指标体系，整合各种资源，协调各种力量，统一思想行动、引导规划过程、有利公众参与、形成决策依据、辅助规划评价、控制引导城市森林建设，实现规划目标。

一、建立城市森林规划设计指标体系的必要性

1. 由城市森林规划设计的性质决定

规划是面向未来的，具有目标导向性和决策选择性，目标需要度量，决策需要标准，都需要借助具体的规划指标。规划在本质上是排斥不确定性的，借助分阶段、分层次的指标，通过对不同指标在时间和空间上的临界点的控制，可以增加规划的确定性，根据指标的变化不断调整规划过程，也是建立规划反馈机制的必然要求。

2. 由城市森林规划设计的过程决定

它有两层含义，一是在城市森林规划设计的制定过程中，规划指标可以充当相关利益群体对话的语言，有利于对规划内容达成共识，有利于公众参与的顺利进行；二是在城市森林规划设计实施过程中，规划指标可以成为落实规划，控制和引导城市森林建设，管理与监督实施，实现规划目标的工具。需要指出的是，控制与引导具有不同的含义与作用，控制具有弥补性和预防性的作用，可以避免最不利情况的发生，或规定城市森林建设所要达到的最低标准；引导具有期望性和推进性的作用，可以发挥各种建设力量的能动性，在符合基本控制要求的前提下因地制宜地引导城市森林建设向可以达到的理想状态迈进。对应于规划指标，则分别采用规定性指标和引导性指标的形式，并赋予其不同的法律效力。

3. 由城市森林规划设计建设的复杂性决定

城市森林是以乔木为主体的人工及自然植被及其所在的城市环境所构成的森林生态系统，无论规划还是建设都会牵涉许多因素，许多内容甚至还需要借助其他相关规划及建设得到落实，如借助城市规划体系落实城市森林规划设计建设内容等。规划指标是协调各类规划的媒介，是落实城市森林规划设计内容的手段，是实现城市森林规划设计目标的保证。

4. 建立城市森林规划设计指标体系是城市森林规划设计规范化、法制化的必然要求

城市森林规划设计作为城市政府的一项职能，要保持严肃性和稳定性，实现其长期指导城市森林建设和发展的作用，必须依靠法的影响力、约束力和强制力。推进城市森林规

划设计的规范化、法制化建设是实现城市森林可持续发展的必由之路，建立规划指标体系可以为规划的规范化、法制化提供可以量裁的依据以及相对确定的内容，为城市森林建设有法可依奠定基础。

二、城市森林规划设计指标的现状

1. 现状概述

整理当前中国国家层面的有关城市森林规划设计指标的规范规定，如《国家森林城市评价指标》《国家园林城市标准》《国家生态园林城市标准》《城市绿化规划建设指标的规定》《城市绿化条例》《城市规划编制办法》《城市绿地系统规划编制纲要（试行）》等，显示有关林地的指标包括绿地率、人均绿地面积、人均公共绿地面积三项指标；有关植被的指标包括森林覆盖率、绿化覆盖率、自然度、综合物种指数、本地植物指数、各类树种比例六项指标，基本上是一种侧重于数量的，二维平面的控制，对城市森林的位置、形态、空间布局与结构、建设的经济性、游憩活动功能等方面均缺乏相应的指标进行引导和控制。尽管《城市绿地分类标准》中针对居民游憩活动的需要，规定了社区公园的服务半径，但仍然无法保证实现城市森林的多种功能。

有鉴于此，各地结合实际情况，纷纷出台相关政策规定，并在规划实践中积极探索，不断完善城市森林的相关的指标要求，如 2007 年新出台的《上海市绿化条例》从有利于植物生长的角度和绿地位置的角度规定，"规划管理部门在编制控制性详细规划时，应当会同同级绿化管理部门在公园绿地周边划定一定范围的控制区""重要地区和主要景观道路两侧新建建设项目，应当在建设项目沿道路一侧设置一定比例和宽度的集中绿地"；2001 年出台的《上海市新建住宅环境绿化建设导则》规定"草皮面积不高于绿地总面积的 30%"，并按照绿地面积规定了植物种类数量的最低要求，如"绿地面积在 20000 平方米以上的，不低于 100 种"，还从视觉景观的角度规定"沿城市道路的围墙应透空透绿"等；2003 年编制的《上海城市森林规划设计》以规划导则的形式规定了各类防护林的宽度；2002 年编制的《上海市中心城公共绿地规划》提出"按步行 500 米服务半径要求着力优化公共绿地的分布，方便市民的使用"等等。

城市森林规划设计的指标问题是当前学术研究的一个热点问题，国内外均有学者进行过探讨，如俞孔坚等对"景观可达性"的研究，Ann Van Herzele 和 Torsten Wiedemann 对城市绿地"可达性"和"吸引力"的研究，Boon Lay Ong 对"绿色容积率"的研究，郄光发、彭镇华、王成对"绿化空间辐射占有量"的研究等。系统地探讨城市森林规划设计指标的研究多出现在对城市森林或城市绿地进行评价的研究中，如刘滨谊、姜允芳对城市绿地系统规划评价指标体系的研究，彭镇华对城市森林建设评价的研究，王祥荣等对上海现代城市森林评价指标体系的研究，王蓉丽对城市森林可持续发展指标体系的研究，廖科等对城市森林系统评价指标体系的研究等，王敏对城市公共性景观评价指标体系的研究对构建城市森林规划设计指标体系也有一定的参考价值。

2004 年，由欧盟第 5 框架计划资助的，历时 38 个月，名为"发展城市绿地，改善城市及区域生活质量的研究项目完成。该项目有 6 个国家 12 个合作机构至少 50 名专业人员参与，针对以往单学科研究城市绿地存在的片面性，重点加强研究的综合性，将研究人员分成四个研究小组，分别代表生态学、经济学、社会学、城市与景观规划四个不同的专业。研究立足实践，从城市和场地两个尺度选取了 11 个欧洲城市的 26 个成功的绿地规划建设案例，进行调查研究总结，提出了"多学科准则一览表"（Interdisciplinary Catalogue of Criteria，ICC），并选取了 6 个案例进行了实证研究，为欧洲未来城市绿地发展提供参考。

"多学科准则一览表"基于生态、经济、社会、规划（主要是视觉）四个维度，从城市绿地系统的数量，城市绿地系统的质量，城市绿地系统的使用，城市绿地系统的规划、发展和管理四个方面，分别从城市和场地两个尺度，提出了各自的准则与指标。其中，城市尺度有 35 个准则，62 个指标；场地尺度有 41 个准则，98 个指标，是近年来国外学者对城市绿地系统指标比较全面的、有代表性的一项研究成果。

2. 存在问题

（1）对有关林地的指标研究较多，对有关植被的指标研究较少

城市森林规划设计的对象是林地与植被，城市森林多种功能的实现需要林地与植被共同发挥作用，林地是二维的，植被是三维甚至是四维的（时间维）。现有指标侧重于对城市森林进行二维平面的控制，显然是不够的。

（2）对生态环境维度研究较多，对视觉、游憩、经济维度研究较少

城市森林规划设计的四个维度具有同等重要的作用，规划指标应均衡发展，城市面临的生态环境压力使得构建生态环境维度方面的规划指标具有不容置疑的重要性，但不应忽视其他维度。毕竟人类的需求是多样的，市民希望城市森林能发挥多种功能，建立规划指标应避免单学科的片面性。

（3）缺乏针对不同规划层次和不同城市森林类型的规划指标

城市森林规划设计具有多种层次，各层次关注的问题各不相同，要求规划指标不仅应有延续性，也应相互区别；城市森林具有多种类型，类型不同，功能、结构、形态均有所不同，要求规划指标不仅需要平衡类型之间的比例关系，也应该加强类型的针对性。造成这一问题的根源在于缺乏基础理论研究，即缺乏对城市森林规划设计体系和城市森林分类的研究，导致眉毛胡子一把抓的问题。

（4）面向规划设计的针对性不强，缺乏可操作性

城市森林规划设计是一个有许多环节构成、许多人员参与的过程，规划指标应简单明了，易于理解，容易交流，容易测算，便于操作。不应该将规划指标变成仅限于专家交流的行业壁垒，也应克服需要长期观测数据支持的规划指标的局限性。

（5）缺乏弹性，地区针对性不强，控制与引导不分

弹性的第一层含义是城市森林规划设计要面向不同的地区，地区条件不同，规划需要解决的问题，关注的重点也不同，规划指标应该能够适应这种由于本体变化而产生的根本性区别。弹性的第二层含义是规划指标应该适应规划面向未来不确定性的特点和人类对未来预测具有局限性的特点，既要采用规定性的控制指标，避免最不希望的事情发生；又要采用引导性的规划指标，为人类主观能动性的发挥留有余地。现有规划指标大多对此未加区分，容易给实际工作造成不利影响。

（6）将评价指标用作规划指标的局限性

评价指标与规划指标并不能完全等同，二者在构建方法上是有区别的。评价指标更加关注行动的结果，以至于城市森林评价指标大多包括诸如吸收有害气体、净化空气等有关功能度量的指标。规划指标不仅关注结果，更注重过程。以功能性指标为例，规划指标可以通过对具体发挥功能的物质间形态的控制，如叶面积指数、绿色容积率等，来间接地保证实现城市森林的生态功能。在应用的时间维度上，评价指标多是一种回顾性的应用，而规划指标基本上是一种展望性的应用。从规划设计和管理的角度来看，需要建立一套专门用于规划的指标体系。

三、构建指标体系的指导思想和原则

1. 指导思想

构建城市森林规划设计指标体系应该立足于城市森林规划设计的性质与特点，满足规划实践工作的需要，适应不同城市森林类型的要求，既能够体现规划目标，又便于对规划过程进行引导与控制。指标体系应该充分结合现有国家相关规范规定，特别是应该将那些已经获得公认的指标包括在内。

在具体内容上，应该面向总体规划与详细规划两个规划层次，分别城市与场地两种规划尺度，体现城市森林规划设计的四个维度，林地指标与植被指标并重，既有规定性指标，又有引导性指标；既有定性指标，又有定量指标，形成具有综合性、系统性特点的城市森林规划设计指标体系。

2. 原则

（1）科学性原则。规划指标应该建立在对城市森林规划设计发展规律正确认识的基础上，选取对城市森林功能有确切影响作用的指标，对于一些影响不确定，尚处于研究阶段，还有争议的指标则不予选取。

（2）系统性原则。从系统的角度考虑，规划指标要具有整体性和层次性。

（3）弹性原则。规定性与灵活性兼顾，规划指标具有广泛的适应性。

（4）可操作性原则。表达简洁明了，含义确切，数据收集方便，测算简单易行，容易理解，便于操作，实用性强。

四、城市森林规划设计指标体系的构成

1. 指标体系构成

城市森林规划设计指标体系由面向城市尺度的总体规划指标体系和面向场地尺度的详细规划指标体系构成，每一类指标体系都分成四级，其中二级指标对应于城市森林规划设计的四个维度，分别为环境生态指标、视觉景观指标、游憩活动指标和经济指标；三级、四级指标分成两类，分别是规定性指标和引导性指标。规划阶段不同、规划尺度不同，规划需要解决的问题也不同，相应地两种类型规划指标表达的内容也有差异。城市尺度的指标是在宏观和中观的尺度上考虑问题，无论是用地的供给数量，还是空间结构等反映的都是城市整体层面上的相互关系。由于城市森林总体规划含有城市森林分类规划内容，因此城市尺度的指标体系也有针对各类城市森林用地内部及其与周围环境之间相互关系的较为宏观的控制引导指标。场地尺度是在中观和微观的尺度上考虑问题，规划指标是对总体规划指标的进一步深化和细化，重点表达场地内部的数量与质量问题及其与周围环境之间的关系。两类规划指标构成了完整的城市森林规划设计指标体系，伴随着城市森林规划设计过程的进行，发挥着不同的作用，共同保障城市森林建设的顺利进行。

城市森林总体规划指标体系中三级规定性指标共有 10 个，引导性指标共有 11 个；四级规定性指标共有 13 个，引导性指标共有 30 个。详细规划指标体系中三级规定性指标共有 10 个，引导性指标共有 9 个；四级规定性指标共有 4 个，引导性指标共有 27 个。

表 5-6-1 城市森林总体规划指标体系一览表

一级指标	二级指标	三级指标	四级指标
总体规划指标	环境生态指标	规定性指标 · 覆盖率	城市森林覆盖率、郊区森林覆盖率、建成区绿化覆盖率、垂直绿化覆盖率
		规定性指标 · 自然度	
		规定性指标 · 平均叶面积指数	
		引导性指标 · 林地结构	景观多样性、生境丰富度、保护区比率、生态敏感区相关度、单个林地面积、林地密度、网络连通度、林地平均距离、水岸绿化率、道路绿化率、农田林网覆盖度、城乡林带结合度、廊道宽度
		引导性指标 · 植被结构	植被类型比率、树种丰富度、树种结构、乡土树种比例、保护树木数量

一级 指标	二级 指标	三级指标		四级指标
总体 规划 指标	视觉 景观 指标	规定性 指标	绿视率	
			单位面积乔木数	
		引导性 指标	完整性	景观协调性、视觉干扰强度、视觉敏感区相关性
			认同性	美景度、地方性
			多样性	
	游憩活动 指标	规定性 指标	游憩森林均匀度	
			人均游憩林地面积	人均公共绿地面积、城市中心区人均公共绿地面积、人均风景林地面积、人均实际游憩林地面积、人均游憩廊道长度
		引导性 指标	可游度	游憩面积比率、游憩林地免费开放率
			游憩强度	游人容量、活动类型
			游憩设施	
	经济指标	规定性 指标	城市森林用地率	郊区林地率、建成区绿地率
			人均林地面积	人均城市森林面积、人均经济生产林地面积
			人均乔木数	
		引导性 指标	分类面积比率	
			经济影响度	
			投资水平	绿色投资率、公共投资比率、单位面积成本

表 5-6-2 城市森林详细规划指标体系一览表

一级 指标	二级 指标	三级指标		四级指标
详细 规划 指标	环境 生态 指标	规定 性指 标	覆盖率	森林覆盖率、垂直绿化覆盖率
			自然度	
			绿色容积率	
		引导 性指 标	林地结构	景观多样性、乡土生境比率、林地保护率
			植被结构	植被类型比率、单个植被优势度、树种丰富度、单个树种优势度、树种结构、年龄结构、健康结构、乡土树种比率、种植密度、树木保护水平

续表

一级指标	二级指标	三级指标		四级指标
详细规划指标	视觉景观指标	规定性指标	绿视率	沿边率、通透性
			单位面积乔木数	
		引导性指标	完整性	景观协调性、视觉干扰强度、视觉敏感区相关性
			认同性	美景度、地方性
			多样性	
	游憩活动指标	规定性指标	可达性	
			游憩面积比率	
			集中林地率	
		引导性指标	可游度	入口设置、郁闭度、绿地阴影率、安全性、识别性
			游憩强度	游人容量、活动类型
			游憩设施	
	经济指标	规定性指标	用地平衡	
			绿化控制区	
		引导性指标	投资水平	单位面积成本、植被投资率

2．指标说明

（1）环境生态指标

①覆盖率

当前相关国家规范出现的覆盖率指标有城市森林覆盖率、郊区森林覆盖率、建成区绿化覆盖率，分别用于反映一定范围内的树冠覆盖状况。本节提出的"垂直绿化覆盖率"指标用于反映城市及场地的垂直绿化水平，可用垂直绿化覆盖面积与用地面积的比值确定。

②自然度

自然度由《国家森林城市评价指标》提出，是对区域内森林资源接近地带性顶级群落（或原生乡土植物群落）的测度。

③平均叶面积指数

城市森林的生态环境功能与植物的叶面积大小有密切的关联，叶面积指数（LAI）是叶片总面积与其所覆盖的地面面积的比率。平均叶面积指数是城市范围内叶面积指数的平均值，是对城市森林覆盖范围内单位面积绿量进行控制的指标，可以弥补森林覆盖率二维性的不足。

测定叶面积指数可以用直接监测法、树冠透射率法、半球摄影术和其他影像方法、遥感技术等。在实际工作中，可以预先对城市森林常用的植物的叶面积指数进行测定，制成表格，方便规划查阅选用，如陈自新等对北京常用园林植物叶面积指数的研究。

④绿色容积率（GPR）

国内许多学者对城市森林的"三维绿量"进行过相关研究，并提出了相应的指标，如复层绿色量、绿化三维量、城市绿地生物量、公共绿地绿化空间占有率、绿化空间辐射占有量等，从规划设计的角度进行考虑，Boon Lay Ong 2003 年提出的绿色容积率（Green plot ratio，GPR）更加具有针对性、实用性、灵活性和可操作性。

绿色容积率的概念是通过结合叶面积指数（LAI）和建筑容积率（BPR）而发展的，定义为总的叶面积与地块面积的比率，绿色容积率基于叶面积指数，但又不同于叶面积指数，是对一定用地范围内绿量的控制，是一个明确的绿化构成的目标值而不是地面的覆盖程度，为设计师提供了更为灵活的设计选择，特别是在建成区范围内，将会推动垂直绿化的发展。基于绿色容积率，对于一个特定的地块，也许绿地率不高，但仍然可以通过建立叶面积指数较高的植被类型，发展垂直绿化，产生较高的绿色容积率，确保发挥城市森林的环境生态功能。

因此只要确定了地面植被平均叶面积指数和覆盖率，垂直绿化植被平均叶面积指数和覆盖率，就可以确定地块的绿色容积率。这一计算方法也显示了绿色容积率指标的综合性特点。

在实际工作中，可以预先对城市森林中常用的植物和植被类型的叶面积指数进行测定，制成表格，方便规划查阅选用。

⑤林地结构

林地的位置、数量、面积大小、空间布局、结构等对城市森林环境生态功能的发挥具有决定性的作用，林地结构受规划区域自然地理条件显著影响，在总体规划阶段，对林地结构进行引导性的控制具有重要的意义。相关的指标有：

a. 景观多样性。景观多样性用来度量林地结构组成的复杂程度，对生物多样性有重要的影响作用。它取决于两方面的信息，一是林地类型的多少，二是各类型在面积上分布的均匀程度。类型一定，各类型的面积比例相同时，景观多样性达到最大值，林地结构的复杂性最高。景观多样性可以用 Shannon-Weaver 多样性指数或 Simpson 多样性指数表达。

b. 生境丰富度。生境丰富度是生境类型的总数，对生物多样性有重要的影响。在比较不同城市地域时，相对丰富度和丰富度密度更为适宜，用公式表示为：

相对丰富度 $=M/M_{max}$

丰富度密度 $=M/A$

式中，M 是生境类型数目，M_{max} 是景观中生境类型数的最大值，A 是景观面积。

c. 保护区比率。保护区比率是列为保护区的城市森林面积与城市森林总面积的比率，用以衡量规划对现状的保护利用程度。

　　d. 生态敏感区相关度。生态敏感度相关度是用作城市森林用地的城市生态敏感区面积与城市生态敏感区总面积的比率，用以衡量城市森林空间布局与城市生态敏感区的相关程度。

　　e. 单个林地面积。单个林地面积影响林地内部生境的大小，与生物多样性有密切的关系。

　　f. 林地密度。林低密度是单位面积林地的数量，用以衡量林地的破碎化程度。

　　g. 网络连通度。网络连通度是网络中所有节点的连接度，用以衡量城市森林廊道的连通性，采用网络中廊道的实际数与最大可能出现的廊道数比值，用公式表示为：

　　$R=L/L_{max}=L/[3（V—2）]$

　　式中：L 为连接廊道数，V 为节点数，L_{max} 为最大可能的连接廊道数。R 指数的变化范围为 0～1，R 为 0 时，表示没有节点相连；R 为 1 时，表示每个节点都彼此相连。

　　h. 林地平均距离。林地平均距离用以衡量林地之间的隔离程度，对物种迁移有重要影响。

　　i. 水岸绿化率。水岸绿化率是已经绿化的水岸长度与水岸总长度的比值，用以衡量城市森林建设与水体的结合程度。

　　j. 道路绿化率。道路绿化率是已经绿化的道路长度与道路总长度的比值，用以衡量城市奔林建设与路网建设的结合程度。

　　k. 农田林网覆盖度。农田林网覆盖率是已经建设防护林网的农田面积与农田总面积的比率，用以衡量城市森林建设与农田建设的结合程度。

　　l. 城乡林带结合度。城乡林带结合度为建成区与郊区的林带贯通率，即已贯通林带长度与总林带长度的比率。

　　m. 廊道宽度。廊道宽度影响物种的迁移，影响林地边缘效应的发挥，对廊道生态功能的发挥有重要的影响。

　　n. 乡土生境比率。乡土生境比率是地块内乡土生境面积与地块总面积的比率，对乡土物种生存及生物多样性保护有重要作用。

　　o. 林地保护率。林地保护率是划为保护范围的林地面积与地块总面积的比率，对生物多样性保护有重要作用，也是对规划设计尊重现状程度的度量。

　　⑥植被结构

　　植被结构包括植被与树木两个方面的问题，树木是基础，植被是树木在城市森林中的最终存在形式，二者均受制于规划区域的自然地理条件。植被结构对城市森林环境生态功能的发挥有决定性的作用，特别是在城市森林详细规划阶段，对植被结构进行引导性的控制具有重要的意义。相关的指标有：

　　a. 植被类型比率。植被类型比率是城市森林各种植被类型所占面积的比率，对城市森林安全、生物多样性有重要影响作用。

　　b. 树种丰富度。树种丰富度是城市森林中树种的数量，当比较不同城市地域时，也可以用相对丰富度和丰富度密度表示。

c. 树种结构。树种结构包括裸子植物与被子植物比例，常绿树种与落叶树种比例，乔木、灌木、草本比例，木本植物与草本植物比例，速生、中生和慢生树种比例等，是城市森林中宏观视觉景观和微观视觉景观的主要决定因素。

d. 乡土树种比例。乡土树种比例是乡土树种占全部树种数量的比例，是城市森林地域特色、安全性和经济性的重要决定因素。

e. 保护树木数量。针对古树名木、珍稀濒危植物的指标，对城市森林文化、生物多样性保护有重要的意义。

f. 单个植被优势度。单个植被优势度是单个植被类型面积占植被类型总面积的比率，用以衡量单个植被在城市森林中的作用大小程度或重要程度。

g. 单个树种优势度，单个树种所占面积占树种所占总面积的比率，用以衡量单个树种在城市森林中的作用大小或重要程度。

h. 年龄结构。其包括幼龄林、中龄林、近成熟林、成熟林、过熟林面积比例，幼年树、青年树、成年树、老年树数量比例，是对城市森林可持续发展能力的度量。

i. 健康结构。健康结构是指不同健康等级的树木占树木总量的比例，它是对城市森林生长健康状况、可持续发展能力的度量。

j. 种植密度。种植密度是指单位林地面积种植树木的数量，对城市森林环境生态功能的发挥、城市森林建设的经济性有重要的影响。

k. 树木保护水平。其是对古树名木、珍稀濒危植物保护所做的定性评价。

（2）视觉景观指标

①绿视率。绿视率是指绿色植物在人的视野中达到的比例，是从环境行为心理学的角度就人们对城市森林感知水平的度量，是一个动态的衡量指标，随着时间空间的变化而不断变化，相关研究表明，绿色在人的视野中达到25%时，人感觉最为舒适；绿视率低于15%时，人工的痕迹明显增大；而绿视率大于15%时，则自然的感觉便会增加。绿视率可以借助照片来判断，也可以通过景观模拟来判断。在城市森林详细规划中，还可以用沿边率和通透性两项指标对绿视率指标进行深化、细化。

沿边率是指一定宽度的城市森林沿用地周边布置的长度与地块周长的比率。它是从公共利益的角度，在视觉上对城市森林的外部性进行的控制。通透性是对视线封闭与开敞程度，以及视线可达深度的度量。

②单位面积乔木数。城市森林应该以乔木为主体，这一指标通过对单位面积乔木数量的控制，直接影响城市森林的视觉景观形态。

③完整性。完整性用以度量城市森林视觉景观的整体性。它又分为三个四级指标：景观协调性、视觉干扰强度和视觉敏感区相关性。

景观协调性是用来衡量城市森林植被与其他景观的要素，如城市、山体、河流等在视觉上的协调程度；视觉干扰强度用来衡量相关物质形体或人类的行为活动，如人工建构筑物、污染物质、交通运输工具、高压走廊等对城市森林视觉景观的影响程度；视觉敏感区相关性不仅可以用来衡量城市森林与城市各类视觉敏感区的相关程度，还可以用来衡量城市森林在营造城市意象，提升城市视觉景观形象方面的作用。

④认同性。认同性用以衡量公众对城市森林视觉景观的接受程度，它又分为两个四级指标，即美景度和地方性。

美景度以公众审美偏好为基础，衡量城市森林视觉景观的综合质量，是一种基于心理物理学的规划指标；地方性则强调城市森林视觉景观的地域特征，对地域景观特色、地方文化的显现程度，与乡土树种的运用、当地人们的审美传统有密切的关系。

⑤多样性。多样性是对城市森林视觉景观丰富程度的度量。

（3）游憩活动指标

①游憩森林均匀度。其基于各类游憩性城市森林的服务半径，通过对服务的覆盖程度的度量间接地进行表达，各级城市森林的服务不能互相替代，可用公式表示为：

某类游憩森林均匀度 $=A1/S \times 100\%$

式中，A1 为某类城市游憩性森林服务半径覆盖的面积之和（不重复计算），S 为参与指标计算的城市面积。

②人均游憩林地面积。它是对城市森林提供游憩活动服务能力的度量，包括人均公共绿地面积、城市中心区人均公共绿地面积、人均风景林地面积、人均实际游憩林地面积和人均游憩廊道长度。前三项指标较为常用，后两项指标是新提出的指标，人均实际游憩林地面积考虑了人口分布的范围和密度，人均游憩廊道长度从一个侧面反映了城市森林游憩网络的建构水平。

③可达性。可达性是指从空间中任意一点到某城市森林的相对难易程度，与距离、时间或费用有关，受人们在空间中移动的阻力影响。可达性对城市森林游憩活动有决定性的影响，较为常用的是用服务半径来度量，相对准确的可达性分析可以借助 GIS 技术来进行。

④集中林地率。集中林地率是指集中的林地面积占用地面积的比率。

⑤可游度。它用以衡量城市森林提供游憩活动的适宜程度，在总体规划阶段，可以用游憩面积比率和游憩林地免费开放率进行深化。

游憩面积比率是指可以开展游憩活动的城市森林面积占城市森林总面积的比率；游憩林地免费开放率是指免费开放的公园绿地和风景游憩林地占公园绿地和风景游憩林地总面积的比率。

在详细规划阶段，可游度可以用入口设置、郁闭度、绿地阴影率、安全性和识别性进行深化和细化。

入口设置对城市森林的可进入性有重要影响，郁闭度不仅对绿量有影响，而且对游憩活动的方式有直接的影响，安全性和识别性对于人们在面积较大的城市森林中开展游憩活动具有决定性的作用。

绿地阴影率是新提出的指标，针对城市发展过程中，建筑对绿地使用的影响而提出的。中国处于北半球，许多地区四季分明，能否接收到阳光对于冬季城市森林游憩活动的利用具有关键性的作用。建成区高楼大厦林立，用绿地阴影率指标，控制周边地块开发转嫁给城市森林的外摊社会边际成本，对于保证公共利益不受或少受侵犯具有重要意义。绿地阴影率具有随时空变化而变化的动态特征，可以用下限指标进行控制，用公式表示为：

绿地阴影率 = 建筑投射到绿地中的阴影面积 / 绿地总面积 × 100%

⑥游憩强度。游憩强度用以衡量城市森林在生态允许范围内，所能承受的游憩活动的干扰程度，可以用游人容量和活动类型进一步深化。

游人容量是某种城市森林类型在一定空间范围内所能容纳的游人数量。它不仅取决于城市森林的空间布局、设施配置，而且与游憩活动类型、希望获得的游憩体验密切相关。

活动类型，是对游憩活动形式进行引导的指标。游憩活动可以分成不同的类型，各种类型对空间有不同的要求，对周边环境有不同的影响，空间一定，活动类型不同，城市森林所能容纳的游人数量也不同。活动类型不同，对规划设计的要求也不同，城市森林总体规划应该对活动类型进行方向性的引导，通过详细规划的进一步限定，使规划设计更加切合管理者和使用者的需求。

⑦游憩设施。配合不同的活动类型，需要有不同的游憩设施满足使用需求，这也是在城市森林规划设计中满足市民游憩活动需要的重要环节，通过配置游憩设施，引导发生相应的游憩活动，实现环境与行为的互动。

（4）经济指标

经济指标关注城市森林资源的合理配置，不仅有用地的配置，也关系建设资金的配置。

①城市森林用地率。城市森林用地率包括郊区林地率和建成区绿地率，反映了城市森林用地与城市建设用地之间的平衡关系。

②人均林地面积。人均林地面积包括人均城市森林面积和人均经济生产林地面积，反映了城市森林的建设水平，以及对城市森林所产生的直接的经济效益的利用程度。

③人均乔木数。人均乔木数是指从另一个角度对城市森林以乔木为主的特征的控制以及城市森林的建设水平。

④用地平衡。用地平衡是针对场地内部，对林地、水体、建筑用地、道路铺装面积等进行的综合平衡。

⑤绿化控制区。绿化控制区是从有利于植物生长和保证外部效益发挥的角度对城市森林周边环境进行控制的指标。

⑥分类面积比率。分类面积比率指城市森林各种类型所占面积的比例，各种城市森林具有不同的主导功能，分类面积比率反映了规划对城市森林不同功能的强调程度。

⑦经济影响度。城市森林的外部性可以用作经营城市的手段，提升城市的整体价值，引导城市开发建设的方向，经济影响度是对城市森林影响城市经济发展程度的度量。

⑧投资水平。其是对城市森林建设资金的使用情况进行引导和控制，包括绿色投资率、公共投资比率、单位面积成本和植被投资率。

绿色投资率是指城市用于城市森林建设的资金占城市建设总投资的比率，反映了城市对城市森林建设的重视程度。

公共投资比率是指城市森林建设总投资中公共投资所占的比例，它反映了城市动员社会力量，筹措城市森林建设资金的能力和社会参与城市森林建设的程度。单位面积成本，衡量单位面积城市森林建设与维护的投入水平。

植被投资率是指城市森林建设总投资中，直接用于植被建设和维护的投资比率，反映了城市对植被的重视程度和投入水平。

上述规划指标有的是定性指标，有的是定量指标，在实际运用时也可以根据实际情况、工作需要进行适当取舍。提出指标体系是建立城市森林规划设计指标体系的第一步。第二步是要在此基础上根据各地实际情况确立各项规划指标的度量标准体系，并通过典型地区的实证研究进行检验和完善。以此为基础，进行规划指标体系的推广和应用，使其发挥控制和引导各地城市森林建设的作用，这是建立城市森林规划设计指标体系的第三步工作。

第七节　城市森林规划设计的评价

一、城市森林规划设计评价概述

评价是人类社会活动中一项具有普遍意义的行为，没有评价就不可能进行选择，甚至没有评价人类社会就不会取得进步。城市森林规划设计是一个需要不断进行决策的过程，这些决策都是建立在评价的基础之上。通过评价，可以判断城市森林当前建设的水平，明确规划需要解决的问题，衡量规划目标是否确实反映了社会的需求和城市森林发展的方向；检验规划中制定的一系列措施对目标的实现究竟可以产生多大的作用，是否体现了规划的基本理念与原则，规划实施的过程是否偏离了规划预定的轨道。如果发生了偏离，应查找发生偏离的原因，进行信息反馈，从而对规划内容的修编或调整提出切合实际的建议。

综观景观规划评价的历史，经历了一个从主观到客观、从一维到多维的演变历史。传统的景观评价是从视觉景观的角度，依靠评价者的经验积累和美学观点进行主观的、总体的、定性的评价，缺乏系统的理论支撑和量化的指标评定。一直到 20 世纪 70 年代，西方国家对视觉景观评价的研究不断深入，出现了若干基于不同评价理论和方法的景观评价学派，景观评价也随着行业实践的扩展被广泛用于大尺度的景观规划，美国国家林业局1974 年出台的《国家森林景观管理》（第 2 卷）、《视觉管理系统》（第 1 章），进一步引导视觉景观评价向规范化方向发展。20 世纪 50 年代以后，随着对政府行为绩效的关注，"成本—效益"评价方法逐渐受到重视，为合理安排景观规划内容和项目提供了经济方面的依据。20 世纪 60 年代，环境意识的觉醒使得环境影响评价逐渐受到重视。1970 年开始实施的美国《国家环境政策法》规定对可能影响环境的活动和项目要进行环境影响评价。

中国于 1979 年确定环境影响评价制度，根据开发建设活动的不同，分为单个开发建设项目的环境影响评价、区域开发建设的环境影响评价、发展规划和政策的环境影响评价等三种类型。2002 年颁布的《中华人民共和国环境影响评价法》，赋予了环境影响评价工作在规划建设行业中的法律地位。

城市森林规划设计作为景观规划的一种类型，自然脱离不了上述评价框架。对城市森林规划设计的评价进行研究不仅是行业实践的需要，也是城市森林规划设计理论和方法应该探讨的一个基本问题。事实上，其也是学术界一直关注的一个热点问题。但是，无论如何，这并不是一个容易解决的问题，根源于城市森林规划设计本身所固有的困难，表现在：

（1）评价主体价值观的多样性。评价需要基于评价主体的价值观念，客体相同，评价主体所持的价值观念不同，评价结果也不同，这是城市森林规划设计规范性特征的又一表现。城市森林规划设计有多种作用力量，各有不同的价值取向，有时还相互冲突，协调难度较大。而如果忽略评价主体的价值，评价工作就失去了完整的意义，也就是邓恩（William N. Dunn）所称的"伪评价"。

（2）评价客体因果关系不明确。无论是城市森林规划设计实施的过程还是实施的结果，均受到多种因素的共同作用，包括内部因素和外部因素。评价很难做到对某一结果决定因素的准确分离，甚至也很难界定这一结果是否全部取决于城市森林规划设计的作用。

（3）评价客体的系统性不易把握。城市森林是一个系统，将系统分解为不同的部分进行评价，很难保证评价是否反映了"整体大于部分之和"的内容。而将系统运行过程视作一个"黑箱"，直接对系统运行的结果进行评价，则只能揭示出规划实施结果与规划的偏离程度，无法揭示出偏离的原因、是否合理等问题，也就无法对规划提出修改完善的建议，不足以认识规划的本质，丧失了方法本身所要达到的目的。

（4）评价内容与基准不易把握。一方面，城市森林具有外部性，规划实施的效果具有扩散性、影响的广泛性、不确定性和持久性，有些影响作用还具有延迟性，不会当下表现出来，这就使得评价内容往往很难准确界定。另一方面，评价基准的设定也有一定的难度，很难准确界定评价指标的临界值，有时评价指标虽然都靠近临界值，但由于等级的划分，会取得截然不同的评价结果，揭示了评价方法本身存在的局限性。

二、城市森林规划设计评价的类型

按照城市森林规划设计的过程与内容，可以将城市森林规划设计评价分为规划方案评价、规划过程评价和规划实施评价三种类型。

规划方案评价是在城市森林规划设计编制过程中，针对规划编制的成果所展开的评价，对规划方案实施之前的评价，目的是选择一个相对满意的方案。其可以针对多个参选方案进行相对评价，也可以针对一个参选方案进行绝对评价。

规划过程评价是对规划从编制到实施的运作过程进行的评价，是对规划师的行为与组织机制、规划制定的环境与背景、公众参与层次、规划实施过程的机制和程序、产生规划结果的要素和条件等进行的评价。城市森林规划设计的核心在于规划编制和实施的过程，这是一个将规划方案中比较确定的环境条件以及各组成要素的相互关系，还原到现实中相对不确定甚至需要进行重新组合的过程。通过评价，可以根据环境条件以及组成要素相互关系的变化及时调整和修改规划，建立规划与实施的良性互动作用，使规划融入社会实践的基本范畴。

规划实施评价是对方案实施前后的状态进行对照比较，评价方案对规划目标的达成程度和规划实施的效果，根据评价结果对方案进行调整或维持原方案，继续实施。规划实施评价关注规划的结果而不是过程，将过程看成是一个"黑箱"，关注"黑箱"最终输出的结果，将结果与预定的方案进行比较，做出相应的判断。

上述三类规划评价内容不同、作用不同，规划相关利益群体的关注程度也不同。政府领导、实际使用城市森林的公众与企业，注重规划实施的结果，以及实施过程对其工作与生活产生的影响，因此对规划方案评价和规划实施评价更为关注；政府管理部门要对规划的编制和实施进行组织管理，因此对规划过程评价更为关注；规划专业人员根据规划阶段或环节的不同扮演着不同的角色，如分析者、技术顾问、组织者或管理者等，按照工作需要开展不同的规划评价工作。

三、城市森林规划设计评价的方法

1. "成本—收益"分析与"成本—效益"分析

"成本—收益"分析与"成本—效益"分析是从经济学的角度对城市森林规划设计进行评价的方法，可以被前瞻性地运用于规划方案的评价中，也可以被回溯性地运用于规划实施的评价。

"成本—收益"分析（cost-benefit analysis）是将实施城市森林规划设计的货币成本和获得的货币收益进行量化比较，评价规划在经济上的可行性。其优点在于，具有简明直观的特点，可以用于和其他领域城市建设项目的比较。其缺点在于，强调经济效率容易忽视社会公平，不能恰当地衡量个人的满意度和社会福利，以及有些收益难以用货币进行度量等。

"成本—效益"分析（cost-effectiveness analysis）是通过比较城市森林规划设计的总成本与总效果来进行评价的方法。其优点是：成本和效益可以采用不同的价值单位，如成本用货币来计量，效益用单位产品、服务或其他手段来计量，通过计算二者的比率来进行评价，规避了将收益全部货币化的难题，可以用于多方案的直接比较。其缺点是无法评价经济效率，无法对不同领域建设项目进行横向比较，对收益的定性分析有时也难以比较。

2. 问题解决矩阵与目标达成矩阵

城市森林规划设计过程中存在着两条并行的技术路线，一条是立足现状，由下而上，解决问题的技术路线；另一条是面向未来，由上而下，实现目标的技术路线。相应地，可以就规划对问题的解决程度和对目标的实现程度进行评价。评价往往需要分别各类问题和各种目标的重要程度，便于比较分析。涉及规划相关利益群体的价值观念，通常还要将问题和目标转换成可以度量的评价准则，设定评价标准，通过测试计算，对现状值和标准值进行比较分析，评价规划对问题的解决程度和对目标的实现程度。如果解决问题本身就是规划目标的一个组成部分，则两种评价方法也可以合二为一。

3. 环境影响评价与视觉影响评价

中国于 2002 年出台《中华人民共和国环境影响评价法》，明文规定编制对环境有影响的规划和实施对环境有影响的建设项目要进行环境影响评价，对于应该进行环境影响评价而没有进行的规划，审批机关不予审批。《中华人民共和国环境影响评价法》规定了各类环境影响评价应该包含的内容，编制与审批过程以及相关的法律责任等，使得在规划建设行业内进行环境影响评价有了直接的法律依据。城市森林规划设计属于该法规定的应该进行环境影响评价的规划类型，理应依法进行环境影响评价工作。目前，还缺乏国家层面的对城市森林规划设计进行环境影响评价的基础数据库、评价指标体系和技术规范，有待于进一步研究。

视觉影响评价是针对规划建设对视觉质量的影响进行的评价工作，西方发达国家起步较早，主要针对旷野森林景观，运用于城市森林尚有局限性，需要进一步研究。从城市森林可持续发展的角度，需要尽快建立基于城市森林视觉景观评价的"城市森林视觉景观管理系统"，在规划、设计、建设、管理过程中对城市森林视觉景观质量进行全面管理。

4. 借助评价指标体系的综合评价方法

城市森林规划设计具有四个主要的维度，单纯从某个维度进行评价不可避免地会造成评价的片面性。基于四个维度，根据规划的层次、评价的目的，建立由多个指标构成的综合性的评价指标体系，是对城市森林规划设计这一复杂系统进行评价的比较科学和实用的方法。

规划指标与评价指标既有区别，也有联系。规划指标在某种程度上是规划目标的具体化，或者是实现目标的手段或途径，因此，根据评价内容可以部分地成为评价指标的一部分。以规划指标为基础，再加上对规划实施效果度量的指标和反映规划过程组织情况的指标，就可以建立比较系统的评价指标体系。从规划的四个维度进行考察，这一评价指标体系至少应该对以下几个方面进行评价：环境生态维度。重点是对城市森林的环境功能、生态效应、系统的健康状况和承载力进行评价；视觉景观维度，重点是对城市森林视觉景观的可视性、完整性、认同性和多样性进行评价；游憩活动维度，重点是对城市森林的可达性、可游性和吸引力进行评价；经济维度，重点是对城市森林规划设计和建设的经济效率和生命力进行评价。

除此以外，评价指标体系还应该包括反映城市森林规划设计过程的组织领导、管理制度、生态文化建设、公众参与等方面的评价指标。各评价指标的量纲可能是不同的，需要对数据进行标准化处理，将异量纲的指标转化为无量纲的相对评价值，赋予各指标不同的权重，进行加权计算，得到评价综合指数，进行比较分析。

结　语

　　社会经济不断发展，生态环境保护的地位也日益凸显，而林业建设就是保护生态环境的一个有效途径。这就需要确保林业生产建设的合理性以及有效性，在改善环境的同时，给国家带去良好的经济效益，这就需要采取有效的规划设计和调查方法，促进林业生产建设的发展。我国林业发展还存在一些问题，因此完善的森林规划设计体系对指导和监督林业项目建设具有重要意义。所以，必须完善相关制度，使得我国的生态与经济建设协调稳步前进。